改变世界，
从 12 件小事做起

世界自然基金会 编著

李梦姣 译

重庆大学出版社

目 录

推荐序 i
前言 v

1 绝不袖手旁观 001
切断吸血鬼的能量，拔掉你的电源插头

2 蓝色星球上的环保践行 021
节约用水，从每天刷牙洗脸做起

3 绿色新风尚 039
让你衣橱里的衣物更耐用

4 在自行车上飞驰 057
步行、骑车和跑步

5 纸不会从树上长出来 075
降低你的每日用纸量

6 绿色盘中餐 095
多吃素，少吃肉

7 重复使用、清洗，重复以上动作 113
减少你的日常塑料垃圾

8 用心购物 131
置办大件物品需三思

9 盆栽的潜力 151
用盆栽植物净化家里和办公室的空气

10 沙滩上的生态足迹 169
降低你的假期消耗

11 为未来请愿 187
用你的养老金为地球投资

12 别把世界弄得乱糟糟 203
停止乱扔垃圾，组织社区清理活动

推荐序

不管好莱坞向你灌输了何种信念，你需要明白的是，其实并不需要成为黑豹、雷神或者神奇女侠，就可以拯救我们的星球。

有谁不想清理我们的海滩，保护极地区域，以及降低我们的塑料使用足迹？有谁不想消除气候变化最恶劣的影响，食用可持续生产的食物，以及停止破坏关键栖息地，从而保护世上各种美好的动物？

又有谁不想像蝙蝠侠那样去战斗并拯救世界呢？

我很幸运地到过世界很多地方旅行，对我们共同家园那纯粹的美丽和辉煌感到惊讶、震撼和激动。但同时我也越发地被我们对环境正在造成的破坏程度和速度激怒并深感苦恼。

我们是清楚认知到人类正在制造这场浩劫的第一代人。同时，为了子孙后代的健康、财富和安全，我们也是能够扭转时局、让事情回归正轨的最后一代人。

我们中许多人对气候变化、森林砍伐等问题感到畏怯，而如何解决这些问题更让人困惑：究竟在日常生活中能做些什么来改变现状呢？如果大企业拒绝改变，那回收或者拒绝使用塑料吸管又有什么意义呢？可以从哪里开始做起？

面前这本书就是为志同道合的各位准备的。那些每周只购物一次、给孩子做午餐便当，以及与现代生活过度需求做斗争的人们都是日常生活中的英雄。这本书中充满了微小、简单和易于实现的行动建议，这些小行动联合在一起，将会产生能够拯救我们星球的大影响。如果你愿意的话，戴上面具、披上斗篷开始阅读它吧。

在 21 世纪快节奏的生活中，我们习惯了走捷径，养成了一些坏习惯，例如，每天使用的塑料食品包装和塑料瓶都是为了让产品能持更长久地保持新鲜；提供便宜服装或能源的竞争可以降低我们的花销。但这些便利都是有代价的：它们对环境正在造成不可逆转的破坏，以至于我们无法再继续忽视。

我时常被这世界上惊人的自然之美震撼。我曾穿越北极，划船横渡大西洋，最近还完成了儿时的梦想——登顶世界屋脊珠穆朗玛峰，在峰顶敬畏地凝视着脚下的土地。往往也在这些时候，我更能深刻地体会到地球上的生态系统是多么脆弱，并意识到必须尽一切努力来保护我们的世界，并理解人类在其中所处的位置。作为世界自然基金会大使以及联合国环境署荒野卫士，我会试着为大家呈现有用的经验与迫切需要改变的领域。我希望我们的孩子依然能够自由地探索和发现我所见到过的这个世界。

在开始阅读这本书之前，我想要再次鼓励你：任何时候都不算太晚，我最近的这次珠峰之行就是一个鼓舞人心的示例。这一次我看到的珠峰几乎又回到了它最壮美的状态。尽管每年有接近 10 万的游客访问，它依然是我所行走过的最干净整洁的荒野路线之一。

这得归功于很多方面的努力，包括当地政府大型的清理行动、对所有登山者进行严格的管理，以及最近颁布的关于垃圾的禁令。这一连串微小的行动最终产生了巨大的影响。

现在确实是必须行动的时候了。你不用成为超级英雄，每个人都能够做出改变。通过践行这本书里的 12 件小事，调整自己的生活方式，力行其中的一两件，或者我更希望是这全部 12 件事情，你一定会为这世界带来改变。而这改变是能够被你、你所在的社区以及世界所感知到的。购买这本书就意味着你已经迈出了第一步。

让我们都加入拯救我们星球的战斗中来吧。现在正是扭转局势、积极恢复自然环境，而不是自私地索取的时候。让我们成为这个世界的守护者。

也许某一天好莱坞会拍摄一部电影，讲述我们是如何站起来拯救世界的。谁知道呢？

本・福格尔（Ben Fogle）

世界自然基金会大使、联合国环境署荒野卫士

前　言

你是否曾想过在自己的一生中，世界发生了多大的变化？从改变生活方式的科技进步，到海洋和大气中持续发生的环境变化，你在这颗星球上扮演着怎样的角色，而你的行为又在多大程度上影响着它？当全球危机到来之际，你是否会经常觉得自己像是一个无助的旁观者？

只需要打开电视，我们就能够目睹可怕的变化：气温升高，冰川消融，越来越多的洪水和干旱，海洋上飘满塑料垃圾，森林正在消失，物种灭绝的速率就像承受着巨大压力的病人的心率不断攀升。电视里的新闻常常像是灾难片的开场。

这些变化很容易让人认为气候和环境变化不可逆转，进一步让你觉得自己无法控制和改变目前所发生的这一切。对于这一点，我们表示理解。但请相信，你绝对是这场变革行动中的主角。环境问题并非遥不可及，更不是个人力量无法改变的大问题。相反，我们都生活在其间，改变在于每个人的选择。这选择不管大小，都对我们生存的世界有着巨大的影响。

这本书会让你重新掌握主动权，帮助你在生活中通过简单的行动，为引导世界重回正轨做出个人的努力，为人类和其他同样生活在这个星球上的物种争取一个美好的未来。

我们不会只单单给你一份“该做与不该做”的事件清单。本书满载着来自专家们的绝妙想法，以及来自世界各地的人们如何改变自己和他人生活的例子，旨在以从购买食物到通勤方式这样的日常生活细节，向你展示可以参与和开展的有意义的行动，而不仅仅只是袖手旁观。同时，本书也会解释人人参与的重要性，以及你的第一个行动将如何成为你人生中创造一系列改变的起点。

这些改变除了会使我们的海洋、大气、河流与土地变得更好，还有额外的福利——它会让你感觉更加健康、舒适和富足。你甚至会感到更快乐，当然，你也会对这个世界和自己所处的位置产生一点不同的看法。

改变始于家庭，始于办公室，始于我们日常生活中所处的每一个地方，但并不会止于此。个人的行动会给政府官员和商业公司的董事会传达信息，让他们看到这背后所代表的一场更大的运动。你的行动，哪怕只是简简单单的，如随身携带可重复使用的水杯，或者工作时使用双面打印，都有可能带动其他人也参与其中，并最终激发真正的变革。

回想一下十年或者二十年前，你的社区有什么回收设施？也许你偶尔会去玻璃瓶回收点，当你把玻璃瓶挨个从回收口放进去的时候，会听见玻璃破碎的声音，仅此而已。现在，虽然还有很大的提升空间，但回收利用设施已经几乎无处不在。数以百万计的罐头、瓶子、纸板和其他东西每天都在被回收利用，节约了资源，也节省了能源，更避免了这些物品最终被送入填埋场。一个方向上的积极改变可以在短短几年内发生，它是由像你一样期望看到这种改变的人所推动的。

或者想一想，那些曾经被人类活动逼到灭绝边缘的野生动物是如何通过人类的帮助最终扭转了命运的。在英国，水獭曾经因为水体里的农药化学残留而濒临灭绝。现在，虽然进展缓慢，但可以确定的是，在化学物质排放得到控制、河流被清理后，水獭的数量终于增加了。秃鹰曾经因为人类的猎杀、毒杀，以及栖息地破坏，几乎到了灭绝边缘，但在人工繁育和重引入（reintroduction）后，它们又再次翱翔在了美国加利福尼亚州的天空中。

现在，试着想象一下二三十年后的世界，那些因为我们所做的改变而恢复的更干净的空气，更环保的城市，有鸟、有蜜蜂、有蝴蝶的生机勃勃的乡村，仍然扮演着地球之肺角色的清澈河流和茂密森林，野生动物遍布其间，稳定的气候滋养着你和它们的孩子。

所以，还等什么呢？来吧，跟着我们一起改变世界，从每一件小事开始做起。

SMALL ACT 1

绝不袖手旁观

切断吸血鬼的能量，拔掉你的电源插头

它们有着发光的小眼睛，泛着红色、绿色或者蓝色的光。晚上离开客厅去床上睡觉时，它们也会在黑暗中尾随着你。你会在睡觉前打个哈欠并快速扫视一周，确保一切运转如常。早晨，当你揉着眼睛睡眼惺忪地回到客厅，在打开百叶窗或者窗帘之前，那半明半暗的光线里，它们蜷缩在角落或靠墙的桌子上向你闪着光。

当你睡觉的时候，它们会在家里所有黑暗的房间闪着光。当你出门去工作，光点继续闪烁着，它们贪婪地通过插头把电从电源中抽出来，等待你回家使用或者默默地对着空房间，度过一整天的

时光。

当你让电视、微波炉、电脑或者手机充电器等设备处于待机状态，就像在家里招待一群小吸血鬼，让它们吮吸电能，消耗电费，对你一点好处也没有。

一年内，这些被浪费掉的电能数量也不小。即使是节能电视机，全年待机所消耗的电量也足够让一只灯泡点亮足足一天半。根据节能信托的研究，如果让你的游戏机全年处于待机状态，所消耗的电量相当于让一盏灯一整年都亮着。

所以，当你晚上睡觉时或者早上出门上班前，不妨赶走这些吸血鬼们。检查一下房间，将墙上电视机的电源关掉或拔掉插头，确保你的手机充电器没有插在电源上。即便只是顺手关掉一两个电器，也会带来改变，因为每一件电器都会消耗电能，浪费电费的同时也浪费掉了用于发电的自然资源。

关于节约能源，任何小事都有帮助——节约能源是我们应对气候变化这一最大挑战时非常重要的解决方法。

很难想象我们的个体行为是如何影响气候的。

当面对由于排放过量温室气体造成的全球变暖，还有随之产生的酷热、洪水、海平面上升、更强烈的风暴，以及庄稼、野生动物受到损害等等这些威胁的时候，个人究竟能够做些什么？问题如此严峻，难怪有人选择不去思考，甚至当它们不存在。

不过，我们正处在一场革命的风口浪尖。各个国家都已经意识到为防止危险的气候变化而采取行动的必要性，并于 2015 年在法国达成了一致协议，即《巴黎协定》。在协议中，各国承诺将采取行动逐步减少各自国家温室气体的排放，这些温室气体通常是由化石燃料燃烧发电、汽车尾气排放，以及砍伐森林产生的。《巴黎协定》旨在将全球气温升幅控制在相对 19 世纪工业革命之前的 2℃以内，并承诺努力将上升幅度进一步限制在 1.5℃以内。这是因为一旦全球气温上升超过 1.5℃，很多国家，特别是太平洋上地势低洼的岛国，将面临非常糟糕的情况。

事实上，为了阻止气温上升 2℃或 1.5℃，甚至想要将气候稳定在任何温度下，都需要削减或停止向大气中继续排放如二氧化碳这样的温室气体。从能源到交通，再到森林砍伐，所有的排放来源都必须尽可能降低到零，而任何无法避免的温室气体排放都必须通过种植更多的树木等措施加以抵消。为了避免气候变化带来的危险后果，我们必须在本世纪中叶实现净零排放，并且越早越好。

燃烧化石燃料能满足家庭生活需求，推动工业发展，支持运输系统。正是这些行为导致我们每年都会向大气中排放数十亿吨的碳量，其中很大一部分来自煤炭发电。

不过现在也是好消息开始的节点：我们已经开始向使用清洁能源转变，太阳能板等可再生能源技术的价格在大幅下降。还有风电涡轮机，目前世界上许多国家正以惊人的速度推广这样的技术，包括中国、英国等较大的经济体。事实上，身为工业革命发源地的英国自 19 世纪 80 年代以来就一直使用煤炭发电供能，直到 2017 年 4 月 21 日这一天，首次实现全天不使用煤炭发电提供能源。在 2018 年，同样的尝试延长到了三天。与此同时的五年内，英国利用煤炭发电供应能源的比例已经从 40% 降低到不足 7%。

2014—2016 年，全球温室气体排放量几乎没有增长，或者可以说连续三年没有增长，这说明温室气体排放最终可能会趋于稳定。尽管 2017 年排放量又一次上升，但是有证据显示，我们能够再次扭转局面。

解决难题的关键在于减少能源使用量。国际能源机构将节能减排称之为每个国家都拥有的十分丰盛的资源，是经济发展的第一助燃剂。这是迄今为止在解决能源成本且确保供应安全的条件下，减少碳排放最廉价、最快捷的方法。

每一个人都可以参与节能，最简单的做法就是拔掉电器插头或者关掉墙上电视机的电源开关。一旦形成习惯，你就能发现自己在家可以做得更好：如果想烧开水，只在水壶里添加进自己需要的水量即可，如果只需要泡一杯茶或者咖啡的水量，那么只需要达到水壶的最低水量要求就行，可以参照水壶侧边的提示操作。这样，不仅可以节能和省钱，还能沏出更好的茶。因为专家说，最好不要用反复煮开的水来泡茶，那样会破坏茶的风味。

科技进步使灯泡的能效也提高了很多，随着新一代 LED 灯的出现，你可以选择灯光的亮度、颜色等。LED 灯的价格也正在迅速下降，它们耗电量非常少，因此运行使用的成本更低。一旦安装上，未来几年内都不用更换。但如果你依旧十分着迷于传统老式灯泡那种发亮的灯丝，你猜怎么着？现在也有那样造型的 LED 灯了。

就算你觉得已经在家里做到了省电的极致，不妨再想想看这些电是从哪里来的。

到了本世纪下半叶，一些国家甚至会早几十年，所有的电力都将来自低碳能源，比如风电。

但你也可以领先一步，将自己的能源消费变成 100% 绿色，例如支持那些推动这一转变的企业。所有的责任都落在电力供应商身上，这会让转变发生得更容易，同时也能帮你省钱。如果你想成为自己的供应商，甚至也可以自行购买太阳能板发电。

当然，除了电力，采暖也是能源使用的重要组成部分。如果你使用燃气锅炉，或不接电网自己使用的油燃器，或烧煤的火塘、炉子取暖，那么表明你正在使用会产生二氧化碳的化石燃料。在某种程度上，燃烧化石燃料取暖是比清洁电力转型更难应对的挑战。因为，这样看来，每个人家里都会有一个小型污染能源站，而不是那些更容易被风能或太阳能替代的大型化石燃料发电站。燃气锅炉的能效会更高，这让英国家庭的燃气使用量得以减少，但是问题依然存在。

其实，有很多办法可以解决这个问题。锅炉可以使用食物堆肥或植物材料产生的可再生“绿色燃气”，或者用天然气生成的氢气作为燃料。这个过程也会释放出碳，但这些碳随后可以被捕获并永久储存在地下。氢气被输送到人们家中，使用其采暖时，只会产生水这样的副产品。

此外，还有由电力驱动的空气源热泵。与冰箱的原理相反，它会从室外空气里提取热量，为家庭供暖。这类利用空气与水，或者地面温差进行能量交换的相似技术还可以在更大范围内被应用于集中供暖系统，几十或者几百栋房屋可以通过管道连接到能为家庭供暖或者降温的统一能源上。例如在巴黎，塞纳河被用来使沿岸的城市建筑降温，包括卢浮宫和国民议会大楼。

不管怎么看，降低取暖所用的能源使用量是一个好的开端。对户主们来说，这是采取其他形式节能减排前自己可以率先做到的。

你可以从一些非常简单的事情开始，比如晚上拉起窗帘隔绝冷空气，让房间保温。如果家里有空着的房间，请把那个房间的暖气温度关小一点。你不会意识到，这样可以节省采暖的钱，还有能量。如果家中已经很暖和了，可以考虑把温度调低 1℃，你的身体应该不会感觉到这么做带来的差别。

其他的选项还包括安装双层玻璃。如果住在一个特别繁华的街区，这样做还能降低噪声。还应该确保家中阁楼或者地板下的空间都隔热良好，为了不浪费资源，它们需要得到改进。如果你的门漏风，请在门周围安装隔热条。在起风的寒日，将手放在门边上，如果能感觉到空气的流动，这便是一个很明确的漏风信号，可以采取一些措施来提高门的隔热性能。

确保房屋隔热不仅可以在寒冷时保持内部温暖，还可以在天气炎热时保持屋中凉爽，使生活更加舒适健康，节约电费的同时，也在为环保助力。

6:10

气候变化究竟是怎么一回事？

1824 年，法国科学家约瑟夫·傅里叶（Joseph Fourier）发现大气层就像一层毯子，让地球比其他星球更温暖，这就是众所周知的“温室效应”。1861 年，物理学家约翰·廷德尔（John Tyndall）在他伦敦的实验室里测量出气体如何捕获热量，这些气体包括二氧化碳、甲烷和一氧化二氮。

原本这些气体对地球的影响是有利的。没有它们，地球将比现在冷 30℃，几乎无法让生命存活。

但随着工业革命的到来，人们通过燃烧煤炭、天然气和石油，支持工业、交通、采暖与电力，向大气中排放了越来越多的二氧化碳。同时，人类加速砍伐森林，将更多的土地转变成农田，也导致更多温室气体的排放。

当额外的温室气体进入大气层，便会继续发挥强项——捕获热量。

超量的温室气体对全球温度的潜在影响

早在一个多世纪以前人们就意识到了。1938年，蒸汽工程师兼业余气象学家盖伊·卡伦德（Guy Callendar）发表了第一份证据，证明地球近期变暖主要是由于超额排放的二氧化碳。

1958年，查尔斯·戴维·基林（Charles David Keeling）在夏威夷一个远程监测点开始记录大气中二氧化碳的水平，这种气体在温室气体中占85%。这样的测量记录一直进行到现在，由此得出的“基林曲线”清楚地显示了大气中二氧化碳水平的持续上升。

气温也随之不断升高。世界各地的科研机构都在使用地球表面的数据测量全球温度。科学家发现全球气温相较19世纪，已经上升了1℃左右，虽然有些年份会更冷或者更热，但从长期的趋势来看，地球正在变暖。

他们进行的所有关于气温上升及其影响的研究都是由一个全球性的组织——政府间气候变化专门委员会（The Intergovernmental Panel on Climate Change）进行评估的。科学家得出的结论是：气候变暖是毫无疑问的，主要由人类活动导致。如果再不采取行动，其带来的影响将会加剧。

大量的额外热量最终会影响海洋，致使其扩张，令海平面上升，这是因为冰盖和冰川融化了。如今我们正在见证海平面的急剧上升，1901—2015 年上升了 20 厘米。

在一些区域，温度上升还会导致干旱和炎热，而更暖的大气也能留住更多水分，这将增加极端风暴和降雨的可能性，引发洪水等问题。

小麦、大米等作物的收成都有可能受到影响，野生生物正在努力适应，未来还将不得不做出更多改变，因为传统的季节更替已经被打乱，或者栖息地的改变不再适合这些动植物在那里生存。

此外，我们还面临着触发临界点的风险。比如类似北极永久冻土层融化这样的极端事件，届时将会有大量甲烷释放进入大气层，对我们的世界产生不可逆转的深远影响。

你的碳足迹是多少？

虽然听起来像地面上的煤渣，但碳足迹实际上是一种衡量你在地球上留下多少痕迹的方式。它会计算你日常生活中产生的所有温室气体排放量，将结果与国家和国际的平均水平进行比较，以便让你了解如果要一起为应对气候变化尽力，需要付出多少努力。

碳足迹覆盖了你个人使用电、采暖和旅行所消耗的相关能源所产生的温室气体排放，也包括了你的食物，以及你购买的其他东西在生产过程中所产生的温室气体排放。不论这些东西是在本国生产的，还是在其他国家生产的。

虽然被称为碳足迹，但它涵盖了各种会对气候产生不同程度影响的温室气体，包括甲烷和一氧化二氮。例如，尽管每年进入大气的甲烷比二氧化碳少，但在全球变暖的过程中，甲烷的危害更大，1 吨甲烷的排放影响相当于 25 吨二氧化碳。

碳足迹计算器考虑到了这一点，它把所有

的温室气体排放量转换成了与其影响相对等的二氧化碳的量，最终得出一个准确的数字。（所以，当你看到用“二氧化碳当量”描述某一排放量时，表明计算器做过转换。）

计算器计算时还会考虑到你的居住地，因为不同政府的不同政策会影响你的碳足迹数据。比如，你在依靠可再生水能发电的挪威开一辆电动车就会比在英国开同样的车有更少的碳足迹，因为英国很大一部分电力仍然来自化石燃料。当然，除非你已经选择了使用清洁能源或者在支付可再生能源的账单，多出来的碳足迹才会被抵消。

英国公民的平均碳足迹是全球平均水平的两倍多，而美国公民的碳足迹几乎是全球平均水平的五倍。生活在世界上最贫穷国家的人，那些没有电网供电、不开车，以及食用自种粮食的人只产生了微不足道的碳足迹。

如果我们每人平均分摊人类排放到大气中的碳排放量，并在 2050 年达到控制气温上升的目标，那么相当于要求每人每年只产生 1.5

吨的碳排放，这远远低于目前西方国家的排放水平。有些国家更进一步，比如瑞典，已经承诺实现净零排放。

未来是光明的……多亏了风

在工业革命之前，可再生能源是很普遍的。无论是水磨坊还是风车，抑或是用于取暖和做饭的木材，以及用于照明的动物脂肪，都属于可再生能源。之后出现了煤炭、石油和天然气，于是，世界上大部分地区为了提升效率，以及方便，转向使用这些化石燃料。但是现在，结合对化石燃料危害的认识，以及人类技术的飞跃，我们可能正处在一个转折点上。这之后，风能、水能和太阳能将取代会给环境带来污染的燃料，成为未来的能源。

国际能源署的数据显示，2016 年全球可再生能源的发电量增长约 6%，占全球发电总量的 24% 左右。其中约 70% 来自大型水坝的水力发电，其原理是利用水坝将水截留并让其通过涡轮进行发电；生物能源占 9%，风能和太阳能分别占 16% 和 5%。

全球新装载的发电设施中有近三分之二属于可再生能源，风能以及利用太阳能板直接将太阳能转换为电能的形式目前发挥着重要的作用。

大规模推广和政府的支持令可再生能源价格大幅下降，这反过来又有助于推动更多可再生技术的落地。

作为当代使用风力涡轮机的先驱，丹麦 2017 年近 44% 的电力来自风能。在欧洲，许多国家都在寻找离岸风力发电场，这种发电场的风力涡轮机是自由女神像高度的两倍，叶片转动一圈就能够为一户人家供电 29 小时。

政府对这项技术的重视与支持让成本大幅下降。在最近英国一场竞争新离岸风力发电场的电力供应合同的拍卖中，风力发电的能源价格在两年半内下降了一半以上，这使得海上风力发电场与天然气发电站的成本价格持平，比新建核能发电站更经济。

根据美国风能协会的数据，全美有 5.4 万座风力涡轮机，足以为 2700 万户家庭提供电力，其中得克萨斯州在各州中处于领先地位，更多新的风力发电场正在建设中。

但让所有国家相形见绌的是中国。尽管中国仍然大量使用煤炭，但每年都会安装数千台风力涡轮机，以及大量的太阳能电池板。

中国的风力发电和太阳能光伏发电的产业规模长期位居世界第一。并且由于技术的进步，光伏发电和风力发电成本持续下降，即将进入平价上网时代。

太阳能不仅在规模化的条件下能发挥作用，目前也是为还没连接上国家电网的贫困乡村地区提供电力的一种方式。据国际能源署估计，到 2022 年，亚洲与撒哈拉以南的非洲地区利用太阳能家庭系统供电的人数将会新增 7000 万。

小型太阳能利用是一种跨越式的技术，比如太阳能手机就能让人们无须依赖固定电缆就能通信。太阳能灯也是很好的例子，它们不需要接上电源就能工作，同时可以替代贫穷农村地区所使用的既昂贵又不健康的煤油灯，让孩子们能够在夜晚做家庭作业，助产士接生时能够看得更清楚，甚至还能让妇女和女孩在夜间去公共厕所更加安全。

人们对于更多地依赖可再生能源供电的一个担忧是其间歇性，因为太阳不总在天空中发光，风也不会一直刮个不停。但除了努力确保清洁技术的多样化供应、提高能源效率和更好地协调供需平衡外，电池技术的发展也越来越重要，这样就可以在供应过剩时储存电力，并在需求达到峰值时释放电力。现在，这些技术的成本也正在下跌。

电动车公司特斯拉的创始人埃隆·马斯克（Elon Musk）兑现了自己的承诺，在南澳大利亚安装了一个 100 兆瓦的巨型电池存储装置，帮助解决了当地电力供应问题。该装置可以为 3 万户家庭供电 1 小时，并在电力需求量大的时候协助平衡电网的压力。

这是世界上最大的一组电池单元，但随着

更多电池技术的更新和推出，这个纪录不会保持太久。

SMALL ACT 2

蓝色星球上的环保践行

节约用水，
从每天刷牙洗脸做起

作为早上的例行公事与睡觉之前需要做的事情之一，你下意识地直接打开了水龙头，弄湿牙刷涂上牙膏，开始刷牙。

在洗漱的这两分钟内，你可能会想想即将到来或者刚刚过去的一天；也许还在心里做了一张待办事项清单，或是看看天气，考虑是否需要加一件外套；也许你还没有完全醒来……

但如果在刷牙时没关水龙头，就会让大量的水白白流走。想要知道水龙头的水流得有多快，你可以从厨房里拿个量杯，看着它装满水，不出几秒，水就会溢出。

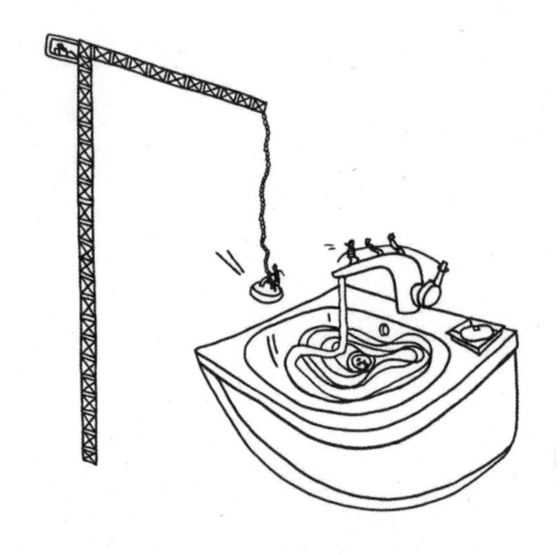

据致力于减少英国用水量的组织 Waterwise 称，一个自来水龙头一分钟会流出 6 升水。所以，如果你每天刷牙两次，每次刷牙时间为通常推荐的两分钟，并且刷牙时不关水龙头的话，那么每天就有 24 升水白白流进下水道，每周 168 升，一年下来就浪费了 8700 多升的水。这些水可以让你每年在浴缸里泡 100 次热水澡，或者一周享受 2 次泡泡浴。

如果热水龙头也开着，那么你浪费在加热这些水上的能源，以及为此花费的金钱，都白白流进了下水道。即使只使用冷水，也需要能量使其满足人们的使用，首先就是把水泵到你家。花费一秒钟用没拿牙刷的手关掉水龙头，可以节约水资源、能源和金钱。

无论世界上的哪一个角落，水资源都是十分宝贵的。

我们把世界看作一个“蓝色星球”，因为海洋覆盖着地球的大部分，雨云在头顶聚拢，大城市都坐落在河岸边。在历史的长河中，我们创造了许多伟大的大河文明，从尼罗河边的古埃及到的的喀喀湖边的印加文明。人们被这些水源所吸引并安顿下来，因为它们能带来绿色的田野和肥沃的土地，还能支持我们的家庭用水以及工业所需，同时水道可以用于运输物资和人。

但地球上只有不到 3% 的水是淡水，仅有少于 1% 的水可以供人们使用，因为剩余的淡水都储存在冰山、地下，以及永冻层中，仅有一小部分淡水分布在各大洲数百万个湖泊和河流中，并且四分之一的河流在入海前就已经干涸了。

很多人依赖地下水，将其作为水源。20 世纪前一个人每天大约需要 20~50 升水来满足基本的饮用、烹饪和洗涤需求，到 20 世纪，淡水需求量大幅度上升，尤其是城市，用水量自 1950 年以来增长了 5 倍。

人口的增长给供水带来了更大的压力。随着生活水平的提高，人们在家就能便捷地获取水资源，这也成为用水压力的来源之一。淡水不仅仅要供人们洗涤和饮用，种植农作物也需要大量淡水。

事实上，70% 的淡水用于农业。

这使得世界上约三分之一的人口每年至少有一个月的时间极度缺水，这当中约一半人口生活在印度和中国。全球超过六分之一的人口无法获取干净的水，而不安全的水源比所有形式的暴力（包括战争）都更具有杀伤力。

而当我们使用完水之后，还会发现世界上 80% 的废水（包括生活污水和工业排污）未经处理就直接排入海洋、湖泊和河流了。

随着气候变化，在更热、更干旱的地区，水资源可能变得更加稀缺。全球变暖会导致更多的洪水和干旱。因冰川消融，世界上一些大型河流的水源增多会使得下游的淡水供应更加不可预测。

据估计，到 2030 年，世界近一半人口将生活在缺水地区。

河流、湖泊和湿地对野生动物来说也同等重要，其作为栖息地，为江豚、海牛和数千种不同类型的鱼类、两栖动物、鸟类和昆虫等提供了家园。这些栖息地支持着地球上约十分之一的物种，并为人类提供食物、抵御洪水、储蓄碳量，同时包括其他好处，如淡水供应。

淡水供应不仅仅是干旱地区的问题。世界上数百座城市，从伦敦到东京，从迈阿密到莫斯科，都面临着从哪里获取足够水资源的挑战。

英格兰环境局已经发出警告，称英国的水资源已经过度使用，加上气候变化和人口增长的影响，到 2050 年，英格兰（尤其是其东南部地区）将会出现严重的淡水供应短缺，对人和野生动物都会造成伤害。

因此，即使你生活在一个自认为水资源丰富的地方，节约用水也十分有必要，这会帮助到野生动物和荒野自然，同时能节省将水处理到安全标准所需的能源。毕竟，水不仅仅是从水龙头里流出来那么简单。

现在，你的牙齿应该清理干净了，但是，在离开浴室前，还可以做更多的事情来控制用水量。

首先是厕所。对于那些没生活在缺水地区的人来说，小便后不冲厕所会让人觉得有点恶心。而对于那些生活在缺水地区的人来说，“如果是黄色的，就让它发酵醇熟吧”这句俗语再熟悉不过，这些人会选择在小便后盖上盖子，不冲水。

如果你的马桶没有双冲水的装置，可以买一个节水装置或者洁厕宝，它们能占用马桶水箱的空间，这样就可以用更少的水将其装满，也会让每次冲水时的水量减少。

在利用马桶节约用水的时候，不要让淋浴同时开着而毁掉所有努力。打开淋浴的开关十分容易，很多人会利用水热起来的几秒钟去做一些别的事情，而通常这些事情会耗时更久。相反，只要你把手放在水下直到水变暖，就可以在水一热起来的时候尽快淋浴。你还可以买一个淋浴计时器，可以是非常简单的沙漏，用一个小吸盘贴在淋浴间墙上。

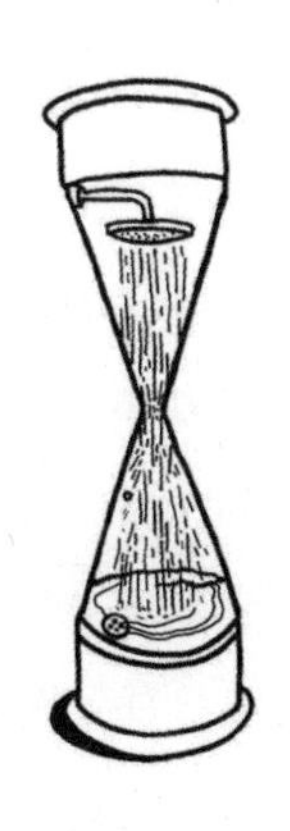

淋浴时把它翻转过来，当一侧的沙漏完，就该关水了。

大多数人可能比想象的还要干净，所以可以考虑偶尔不洗澡，例如在家待了一天时。你可以用毛巾在脸盆里弄湿后快速地洗脸、手和其他部位，尽量避免使用湿巾。英国每年会用掉34亿张湿巾，如果它们被冲进下水道，里面含有的微塑料会破坏海洋环境。你的皮肤和头发都可以少一些清洗和干燥的流程，这对个人和整个星球都有好处。

既然提到湿巾，那么有一个善意的提醒：请善待下水道。就像水不是水龙头里变出来的一样，湿巾也不会消失在下水道里。在废水最终进入环境的某一个环节，甚至在有良好污水处理设施的地方，这些东西也会进入河流或海洋，或者堵塞在下水道里。所以，除了厕纸和从你身体里排出的废物，其他的任何东西都不要冲进马桶，而应该投进垃圾箱。

给水槽装上塞子是个好主意，这样就不需要用那么多白花花的流水来洗衣服，不用像没有塞子的时候那样眼睁睁地看着那么多水直接流走。让水龙头降低流量的办法也很简单，只需要将低流量曝气机安装在水龙头出水的地方，就会大大减少流出来的水量，你却不会感觉到水流的变化。你的供水服务商很可能会免费提供，甚至上门安装。但如果没有的话，网上有很多这方面的相关信息。

一旦你洗完澡来到厨房继续你的早间日常，这里还有更多节约用水的事情可以做。当你在水槽洗碗的时候，请确保你塞住了排水口或者用碗接着水，而不是让水一直流。这可以节约用水，也意味着你不需要等待水变热，因为先前流出来的冷水会与热水混合在水槽或者碗里。你同样可以在厨房水龙头上安装低流量曝气机。

如果你有洗碗机，请在碗筷装满之后使用环保模式，这也可以节省水和能源。

如果你有花园，请使用多个水桶来收集雨水浇灌植物，并确保在清晨和深夜浇水，这样能够让更多的水真正地被植物吸收，而不是在白天被蒸发掉。

可以考虑在家中安装一个水表，这样你就能直接看到节约用水带来的经济效益。

如果你对如何高效用水有了一定的了解，也就能更好地向当地的水务公司提出问题，了解他们在一系列问题上的做法。如果你住在比较偏远的农村地区，请弄清楚水务公司是如何通过水渠、管道或者溪流，帮助农民浇灌农田的，因为这会降低河流与湖泊的水位。问问他们如何在农业中智慧用水，以及如何减少从农田流入河流的污染物与流失的土壤。

再问问水务公司是否发生过污染事故以及为减少污染做了些什么；以及如何防止漏水，因为漏水是造成水资源浪费的重要根源。告诉他们你正在力所能及地节约用水，同时咨询鼓励其他人同样节约用水的政策有哪些。写信、发邮件、上网或者通过社交媒体联系水务公司。毕竟，要得到回答，问题需要首先被提出。

淡水与野生动物

河流、湖泊和湿地仅仅覆盖了地球表面的1%，但它们对许多野生动物至关重要，从肯尼亚湖泊里生活着的成百上千的火烈鸟到北美以鲑鱼为食的灰熊，世界上几乎一半的物种都生活在淡水栖息地。

但野生淡水生物正面临着困境。1970—2012 年，由于栖息地的消失和破坏，其种群数量下降了五分之四。根据世界自然基金会的地球生命力报告，与其他栖息地的野生动物相比，淡水物种的数量有更明显的下降。

污水、农药残留、化肥和动物粪便，来自纺织业的工业污染，还有修建大坝等都在破坏世界各地的江河和淡水网络。同时，人类也使用了太多水资源用于日常生活和生产。

由于气候变化，过去几十年里河水和溪流的温度上升，导致鱼、昆虫和其他淡水生物的种类也发生了变化。

总之，至少有一万个淡水物种由于人类活

动而濒危，有的甚至已经灭绝。这样巨大的野生物种的损失不仅仅只是一个抽象的悲剧。河流流经我们的生活区域，破坏它等同于伤害自己，其影响涉及从失去食物来源到洪水的防御等方方面面。

在英国，伦敦东区的传统美食鳗鱼冻在餐厅的菜单上再难看到，因为欧洲鳗鱼的数量减少了 90% 以上。这些鳗鱼从河流迁徙到大西洋对岸的马尾藻海，再回到欧洲的河流中繁殖，目前该物种被认定为极危物种。

在英格兰，一个独特的淡水系统也正面临着威胁。英国拥有世界上 200 条白垩溪流的大部分，这些溪流来自地下水储存和泉水，流经坚硬的砾石河床，是清洁淡水的重要来源，也是野生动物的特殊栖息地。鲑鱼、水獭、翠鸟还有水田鼠等物种都生活在白垩溪流及其周围。肯尼斯·格雷厄姆（Kenneth Grahame）的经典儿童小说《柳林风声》（*The Wind in the Willows*）中的水田鼠形象被世人熟知。但是由于水资源的过度使用和水污染，现在四分之三的白垩溪流都处于糟糕状态。

人们逐渐认识到，保护河流与湖泊，不仅仅是为了保护野生动物，同时也是为了让野生动物在淡水栖息地繁衍生息，这样能够带来更丰富和广阔的景观，从而为环境和人类带来好处。

欧亚河狸在欧洲和亚洲的大部分地区濒临灭绝，但一些国家的重新引入帮助它们“东山再起”，包括 16 世纪就已经在本土灭绝了的英国。

有证据表明，通过建造水坝和控制水流，作为动物生态系统工程师的河狸能够帮助管理水道，减少来自农田的农药污染和水土流失，同时还能促进碳储存。

零水日和城市的未来

零水日原本会是2018年的一天，因为降雨不足导致水库的水位过低，开普敦准备在这一天关掉整个城市的水龙头。这样极端的措施能够在严重缺水的情况下节省一些水量，而那些习惯了从家中水龙头里获得水的居民将不得不在全市200个取水点中排队领取当日的用水。

官员们曾警告称这会对城市的经济造成重创，所以为了避免“零水日”的出现，人们每天的用水量被要求降低到每人50升，相当于一次5分钟的淋浴用水。而这样的用水量涵盖了每一个人在家、工作场所和学校的全部活动，包括冲厕所、洗衣服、洗手、洗头，以及做饭与喝水。

利用市政饮用水浇灌花园、给泳池注水以及洗车都是被禁止的。居民们被敦促利用淋浴和洗漱过后存储下来的“灰水”来冲厕所，或者像俗语说的那样，“如果是黄色的，就让它发酵醇熟吧”。同时，坚持缩短淋浴时间，洗头时关掉水龙头，尽可能收集雨水。酒店也张贴了用水的警示标识，公共厕所的水龙头被关闭，取而代之的是免水洗手液。公司、学校、俱乐部等机构都必须严格控制用水。

在城市居民团结起来响应减少用水的号召，以及降雨来临后，“零水日”起初被推迟，后来被取消。但开普敦并不是唯一面临水危机的城市。随着气候变化影响下水资源的不确定性增加，世界上许多大城市都可能需要减少用水量。

巴西的圣保罗在 2014 年底的 20 天内耗尽了淡水，而在墨西哥城，几乎五分之一的人无法每天获得淡水，近三分之一的人无法得到足够的水。与此同时，该市的 45 个居民区面临着雨季洪水和因地下水抽取过多而导致的地面下沉的高风险。

在美国加州连年干旱最严重的时候，该州的洛杉矶从 300 多千米以外的地方调来了水。修建泳池和给泳池蓄水被列在处罚的第一位。在限制措施中，人均日用水量降至 132 升。干旱以破纪录的暴雨季节结束，但缓解仅持续一年，2018 年 2 月，旱情再次出现。

没有如果，没有但是——为什么有水桶是件好事

生活在世界上任何一个干旱地区的人都知道首先需要被舍弃的事物就是花园。在个人、企业和农业都用水紧张的时期，就更别提自然本身了。用自来水来保持草坪的生机或者让花盆里的花儿绽放都是不可能的。在下雨之前，房间外都会是褐色的草坪、枯萎的玫瑰和干透的土壤。

即使不那么干旱，从水龙头接出饮用水给植物浇水、洗车，或者用水冲洗露台或车道都是一种浪费。这些水需要经过处理后才适合人类使用，因此需要消耗能源、排放温室气体，同时也会增加你的水费。

对于花园供水来说，最好的办法是安装蓄水用的水桶。水桶可以将从屋顶流下的雨水收集储存起来，不让它们白白流失。植物也更喜欢雨水，因为那是大自然馈赠给它们的“饮用水”，所以用水桶里的雨水浇灌花园比从自来水水龙头里引水更好。

利用水桶洗车也是很好的方法，因为你的车其实也不在乎用的是什么水。如果车库屋顶大小合适，可以在上面安装一个蓄水用的水桶，用水管连接水桶里的水进行清洗，这样就依然在用“水龙头”里的水洗车。

据预测，气候变化将导致世界部分地区更加干旱炎热，并且还可能增加强风暴和强降雨的频率。因此，在暴雨中收集可获得的额外水量并将其储存起来供干旱时期使用的方法，日后会变得更加重要。

好消息是你的蓄水桶不必是房前难看的绿色大桶。现在可以找到各式各样的水桶，有光滑的、棱角分明的、有鲜艳色彩数字的，也有类似老式木制啤酒桶的，甚至可以是巨大的罗马陶罐。

有一些水桶附带有自动浇灌系统的花盆，这样植物不仅能够装饰水桶，还能直接从中获取水分。如果你已经有一个自己不太喜欢的绿色旧水桶，可以换一个漂亮的新水桶，然后在旧水桶里种土豆，或者旧物改造，为它涂上一层鲜艳的户外油漆，之后再种上一些攀缘植物，这样就会得到一个既漂亮又实用的花盆了。

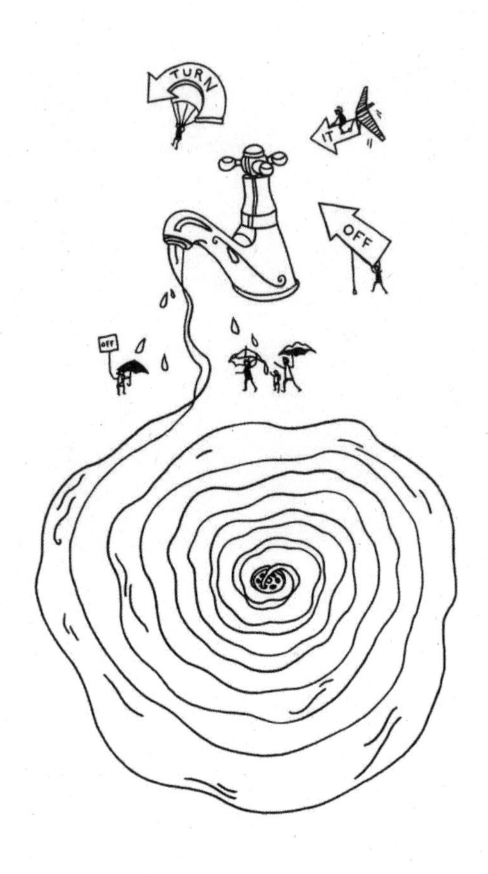

SMALL ACT 3

绿色新风尚

让你衣橱里的衣物更耐用

当你洗完澡后，打开衣橱门浏览着各种不同的衣服，思考着要穿什么。此时衣架上可能挂着一件上衣或者衬衫，当初它在商店里看起来很漂亮，价格也很便宜，但其实你也知道这件衣服穿不了太久。现在衣褶有些卷了起来，你可能正在考虑扔掉它。

或者有一件颜色和图案在三个月前都很时髦的衣服，但你担心它已经过时了。当你站在衣橱前审视自己的衣服时，你可能会有很多的选择，太多的衬衫、裙子和裤子都塞在里面，很多几乎都没有穿过也不太想穿了。

到了周末和节假日，你会有各种各样的考虑，特别是如果你平时穿工作制服上班，情况就会变得更复杂。天气会怎样？我今天要做什么？我需要显得聪明干练吗？还是我可以穿休闲装四下逛逛？以及我想要通过服饰表达什么态度？毕竟衣服不仅仅是用来保暖和遮盖身体的，它们也是视觉信号的一部分，就像鸟的羽毛一样，是展现和表达自我的一种方式。

当你纠结于穿什么衣服的时候，你可能想不到每一件衣服都会有它的足迹，这足迹包括制造它所需的水、能源、土地和其他资源，以及制造甚至清洗过程中所造成的环境污染。

当然，当你站在衣橱前并且被滴答的时钟催促着去上班的时候，针对这一柜子的衣服确实没有太多思考的余地。但你可以穿上一件经典并且做工精良的衣服，并下定决心确保自己的衣柜里都是经得起时间考验的衣服，而不是一些靠不住的闲置品。

自从“快时尚”成了一种趋势，一个服装连锁企业一年生产的不同服装系列从 21 世纪之初的两个增加到了现在的十几个，消费者购买的平均衣服数量也翻了一番。在欧洲和美国，平均每年每人会购买 16 千克的新衣服，这相当于两满筒洗衣机的量，或者 32 条浴巾的重量。

服装业和纺织业的碳足迹非常大，从种植棉花到染色、服装制作、运输到线下商铺或线上销售，这一整个过程都在使用能源并产生碳排放。一旦人们买了衣服，之后的清洗、烘干和熨烫都会进一步增加碳足迹。

衣服同时还有很高的水足迹。棉花是一种非常需要水的作物，纺织染色以及其他纺织品和皮革的加工过程也需要大量的水，并且可能会造成严重的环境污染。大约五分之一的工业水污染来源于纺织品的染色和处理，这在一些以纺织工业为主的地区是个大问题，尤其这些地区的水资源已经很稀缺了，比如中国和印度。

很多化工品也用于服装生产。传统的棉花种植会使用大量的农药，而加工衣物所需的染料、着色剂、防水材料和阻燃剂等都是化学用品。

最后，废弃的衣服会被扔进垃圾桶，全世界每年有五分之四的衣服最后会被焚烧或者进入填埋场。一些国家在旧衣物回收方面做得相当出色，比如德国有 75% 的服装得到了回收利用，而在美国，这一比例仅仅只有 15%。但即使回收，也没有多少旧衣服能够变成新衣服，因为回收的衣物纤维质量没有那么好。

所以现在是时候将消费习惯从快时尚转向慢时尚和绿色服装了，绿色指的是衣物的环保属性，而不是真的指其颜色。但不管你喜欢什么颜色的衣服，当你购买的时候，最好多花点钱买一些耐穿的款式。

有些经典款式就是为此设计的：白色 T 恤和蓝色牛仔裤是永不过时的选择。你也可以选择一些简单的款式，一件小黑裙或者永不过时的炭灰色套装，然后搭配一枚特别的胸针、珠宝首饰或者领带。或者把时尚抛到脑后，买你喜欢的衣服一直穿，不盲目追逐潮流。

但如果想穿得引人注目，你可以发挥创意。比如，胸针不需要买，你可以很容易地用旧衬衫上的布料或者丝带做一朵布胸花。很多衣服穿旧了也可以重新利用。过膝的牛仔裤，你可以简单地用剪刀把它裁成短裤。长发的你还可以将不再穿的紧身裤剪成条，作为绑头发的发带。

如果你的孩子需要在派对或者学校活动中穿一套漂亮的服装，尽量不买那种闪闪发亮只能穿 5 分钟的廉价衣服。如果他们需要一个特定的造型，这一点也许很难自己动手做到，但如果孩子乐意合作的话，也可以尝试让他们发挥自己的创造力，构想出属于自己的“超级英雄”，然后你们可以用压箱底的衣物做一套“新”衣服出来。

普通的童装可以直接转送给朋友和亲戚，在孩子们生长比较快的时期，这样的方式对每一个人来说都是性价比很高的选择。

很多衣服本可以重复使用，但却被扔进了垃圾箱。如果你不是那种擅于创造的人，也不会自己重复利用物品，你可以把衣服送去慈善商店，在那里它们可以在有爱心的主人那里获得新生。如果你买的东西经久耐用，那就再好不过了，因为它会在新主人家里被持续使用。如果你不确定手头的东西是否适合转手，那就去一家慈善商店跟那里的工作人员聊一聊。只要物品干净干燥，商店一般都愿意收，因为它们卖不出去的东西还可以被送到国外，或者用于布料回收，回收后可以制成其他东西，比如绝缘材料。

如果你都已经到了慈善商店，为什么不四处看看是否有适合你的东西呢。一些商店会有很好的高质量服装，包括一些来自大牌零售商的季后或者下线产品，如果你愿意仔细挑选的话也是能发现便宜好货的。

不过在你扔掉衣服或者把它们剪碎准备做成奇装异服前，可以想想是否能够让它们在衣橱里尽量延长使用寿命。让服装获得新生的一个简单方法就是学习缝补。如果你不知道如何把扣子缝回衬衫上，找一个能教你的人，然后把这种技能传递下去。如果你是一个手巧的人，你可以让一件旧衣服看起来和新的一样好。如果你准备买一些残次品然后自己修补，你也可以成为商店打折区的赢家。

如何打理你的衣服会对环境产生不同的影响。

仔细阅读洗衣液容器上的说明内容，上面可能建议在 30℃以下使用，但很多人仍然将自己的洗衣机温度设置在 40℃，因为很多洗衣机的程序默认设置都是 40℃。将洗衣机设定的温度调低到 30℃并不意味着你的衣服会洗不干净，因为洗衣液能够保证效果。但通过调低温度你可以减少几乎一半洗衣服所需要的能量，为地球和你的钱包作出又一点贡献。

另一件简单的事情是确保一次洗足够量的衣服，这样既省水又省电。而且你的衣服真的需要洗吗？能不能就晾一晾散一下气味就行？如果你有足够的通风空间，你可以把衣服挂起来晾干，与使用滚筒烘干机相比，这样也会节省大量的能源。

洗衣时的一个隐患是你可能会不小心把那些微纤维冲进下水道。那些由塑料制成的衣服，比如聚酯纤维的织物或者运动型上衣，在洗涤过程中会脱落一些纤维，这些纤维会和脏水一起被冲走，并且在污水处理厂无法被筛出，最终进入河道和海洋，加入自然环境中已经存在的其他塑料污染的队伍。我们稍后会讲到你可以做的其他关于塑料的事情，但作为开始，你也许可以思考一下你的衣服由什么材料制成以及你是否可以避免购买会导致塑料污染问题的物品。你也可以考虑购买特殊设计的洗衣袋，把合成纤维的衣物装在里面然后放进洗衣机。在洗衣过程中，洗衣袋可以搜集衣服在清洗过程中掉落的纤维，洗衣结束后，便可以将这些纤维倒进垃圾箱里。

天然织物也会对土地、水产生影响和污染。如果你想要尝试着做些改变的话，可以先思考一下这些影响是什么。建议去寻找那些经过相关组织认证的棉花，这些棉花的种植以及种植区域都没有暴露在不安全的农药环境中。

你也可以调查你常购买的服装品牌，了解一下他们在可持续服装上的政策。许多品牌会在衣服上印上自己的大商标。如果你打算在胸口为某个品牌做广告的话，你可以决定只支持那些在这个重要问题上采取行动的品牌。

着装彰显着我们的个性，无论是追随时尚还是认可品牌，是穿得缤纷艳丽还是简单朴素，这些都是我们穿衣打扮的重要组成部分，但同样重要的是它们表达了什么。设计师威廉·莫里斯（William Morris）说过，你的房子里不应该有任何你不知道是否有用或者不觉得美丽的东西。挂在衣柜或是叠在抽屉里的好衣服是既有用又美丽的物件，但它们还可以有第三个属性：有故事可讲的物品。你还留着被求婚时穿的那件衣服吗？你还记得那个漫长的夏日穿的是哪一条裙子吗？它会让你想起那些聚会、野餐和日落吗？那件衬衫有特别的意义吗？因为你穿着它参加了面试、进行了第一天的工作或者上了电视？减少我们购买和拥有的衣服的数量，确保它们持久耐用并好好打理它们，这不仅对地球有好处，同时也是我们看待事物的另一种方式：它们不是用完很快就扔掉的东西，而是有真正价值和意义的东西，是我们生活的一部分。

一件纯棉 T 恤的足迹

当你穿上最喜欢的纯棉 T 恤时，你有没有想过它是如何到达你身边的？

对全球纺织业和棉农来说，棉花是一种非常重要的作物。棉纤维来自其种子周围长着的白色棉铃，就像大雪后积在灌木上的雪球，只不过它们生长在温暖的气候条件下。棉纤维占全球纺织业总使用量的 30%，来自美国、澳大利亚、巴基斯坦、塔吉克斯坦等 80 个国家的 1 亿户家庭在参与种植这种作物。

但棉花对环境有很大影响。这是一种对水的需求量很大的植物：生产一件棉质 T 恤大约需要 2700 升水，相当于你三年的饮水量。近四分之三的棉花种植在需要灌溉的土地上，所以它不只是吸收雨水，还会消耗可能供应不足的淡水资源。

棉花还需要土地来种植，全世界大约有 3000 万公顷的土地用来种植棉花。过量地使用杀虫剂，给野生动物、汇入河流的地表径流以及田间劳作的人们的健康造成了各种问题。化肥的使用也会使土地酸化，令土地变得贫瘠。

所有的这些污染都会让农民来承担代价，许多农民因此陷入了债务周期。

用机械设备将棉纤维从种子中分离出来的过程称为“轧棉”，此过程需要用电。这意味着棉花不仅对水、土壤、野生动物、人类健康以及财务安全有影响，同时对碳排放也有影响，这些影响在它开始被编织、染色、制作成衣、运输、出售、被带回家以及清洗之前就已经产生了。

目前，可持续棉花约占棉花种植总量的15%，而且只有很少一部分的生产加工制造商在积极地寻找这样的棉花原料。类似于有机棉花、公平贸易、良好棉花倡议以及非洲棉花计划等体系都旨在改善棉花对环境和社会的影响。

在巴基斯坦，农民会接受培训以识别对棉花真正有害的昆虫，以避免不必要的农药喷洒。这可以帮助他们节省金钱，并且减少对他们健康的负面影响。轧棉工人们被鼓励提高机器使用的能源效率，节省电力成本，这样做也为工人们提供了更好的劳动保护。

在美国加利福尼亚州南部，一些农民正在改变种植方法以保护土壤健康和防止水土流失，比如种植“覆盖作物”来抑制杂草以减少除草剂的使用并改善土壤。

类似宜家这样的一些品牌在使用更环保的棉花方面起着带头作用，不过消费者也可以向零售商询问他们所使用棉花的来源，并鼓励他们做得更好。

皮革制造：你的鞋和江豚有什么关系？

印度的恒河周围曾经建有 400 多家皮革厂。在这里，动物的皮毛被加工成产品，制作成手袋、鞋、钱包、皮带和马术装备。整个行业为该地区提供了 10 万个工作岗位，大部分的皮革制品被出口到其他国家销售。

恒河是世界上最著名的河流之一，也是大量野生动物的家园，包括濒临灭绝的恒河豚以及极危物种恒河鳄——一种以鱼为食的鳄鱼。恒河同时也是渔民们的食物来源，人们也用河里的水浇灌附近的农田。

皮革厂为了节约生产成本，往往直接将含有剧毒的化工废料排入恒河，给河水带来严重污染。

自 1950 年以来，污染导致恒河鱼类数量急剧下降，其中印度北部城市坎普尔的情况最为明显。过去社区居民饮食的大部分是鲤鱼，而鲤鱼在污染当中遭受的打击比其他鱼类更大。这种情况迫使当地社区居民改变了他们的饮食结构。现在污染已经渗入地下水和田地里，因为那里用于灌溉的水混杂了很多从制革厂排出来的废污。

世界自然基金会水项目在汇丰银行的资助下，与皮革生产商和购买皮革产品的大品牌合作，建立起了“皮革买家平台”，让买家共同支持改善皮革生产，减少来自制革厂的污染源，从而帮助生活在该地区且依赖河流生存的人和野生动物。

在坎普尔，这意味着与制革厂合作，评估他们现时的做法并施行更环保的技术方案。这些方案包括帮助个体企业引进一些技术措施，如对兽皮进行机械脱盐以降低废水中的含盐量，分批清洗以提高用水效率；也包括在更大的范围内与大型皮革厂合作，使其更好地管理化工废料，减少铬等危险化学品的使用。

这些签约了皮革买家平台的品牌正利用自己的影响力集体推动变革。参与其中的皮革厂在减少对恒河的污染方面已经取得了显著的进展。此外，他们还努力与政界人士沟通接触，讨论在全国范围内推行更多可持续皮革生产需求的可能性。

参与该计划的公司还将在世界上的其他皮革生产地开展皮革厂的评估。希望通过这种方式在全球范围内降低人们脚上所穿皮鞋产生的污染和对环境的影响。

给一生只穿一次的服装新的生命

虽然新郎通常会租一套结婚礼服，或者买一件在其他场合也能穿的西装，但新娘的婚纱更可能是买的，并且不是那种可以重复穿着的服装。考虑到在制作和购买婚纱上投入的大量资源和金钱，这似乎是一种浪费。

从情感上来讲，婚纱确实是值得保存的美好物件，但现实中婚纱往往装在衣罩里挂在衣橱的最角落，可能幻想着这对夫妻的女儿总有一天会穿上它，但这通常都只是美好的愿望。因为时代在变，风格也在改变，下一代对属于自己的重大日子的打扮有自己的想法。

但如果新娘想要赋予她的婚纱新的生命，可以找到很多关于回收的建议：比如可以将它捐给学校或者需要婚纱服装的当地剧组，利用衣服材料制作成被套、坐垫套或者一些重要仪式的礼服，等等。

一些公司会替买主转售婚纱，这样可以收回一部分购买婚纱的费用。慈善机构和非营利组织会接受捐赠的二手服装，也会接受一些时装店和设计师季末清仓时捐赠的礼服以便出售。

慈善机构通常会将这些资金用于专门支持女性的项目，比如女童教育计划、解决童婚问题等。

而且从慈善机构购买婚纱比从精品店或

婚纱店购买便宜得多。准新娘可以挑到一件便宜的漂亮婚纱，在特别的日子穿上它，之后再把它捐给慈善机构转售，从而让善心继续传递下去。

并不是只有婚纱才可以被给予“曾经爱，再被爱”的待遇。伴娘们在几年后可能会发现，她们为亲戚朋友买了一大堆基本不能重复使用的礼服。因此伴郎、伴娘、新郎和迎宾们都可以在这样的商店里找到适合的礼服。

此外，还有类似正式晚宴、颁奖晚会等其他重要场合需要穿礼服。很多出租旧礼服或者二手服装的公司，通常会把交易的一部分捐给慈善机构。一些卖婚纱的慈善机构也会出售晚礼服。因此，与其花大价钱买一件穿后无处安放的衣服，还不如在重要的日子不仅穿得漂亮，还让时尚变得更环保。

SMALL ACT 4

在自行车上飞驰

步行、骑车和跑步

你拿着车钥匙打开车门坐进驾驶室，可能是去工作或者学校，也有可能是去商店、接朋友或是去办其他任何的事情。

但可能过不了多久你就会被困在缓慢移动的车流中。尽管坐在车里很舒服，但没有舒服到你愿意花更多的时间在这个金属大容器里。这时，在你的窗外，公园里有人在遛狗、有人在跑步，阳光灿烂，树枝在微风中摆动着。一切看起来都那么的诱人，如果你能下车该有多好。当你的汽车还在路上缓慢挪动时，一个骑自行车的人嗖嗖地从你旁边经过。

除非是长途通勤者或者卡车司机，否则你的大多数旅程都不会太远。如果你步行或者骑自行车去一些地方，那会是什么样子呢？

当到达目的地时，你的身体会因为运动而充满活力，不会因为堵车而疲惫不堪，而且你还获得了保持健康每天所需的运动量。我们很多人都有久坐不动的习惯，整天坐在电脑前工作，坐在汽车里、公交车上，然后到晚上又放松地坐在电视机前。这让我们很难获得帮助我们保持体重和避免心脏病或中风等大量健康问题的每日推荐运动量。

步行可能比较花时间，但可以用这段时间来冥想。我们平时并没有给自己足够的时间去思考。所以，步行对我们自身有好处，对地球环境也有好处。

运输人员和货物的方式是气候问题的重要组成部分。从全球范围来看，交通运输燃烧化石燃料所产生的温室气体排放几乎占据了排放总量的四分之一，其中大部分是公路交通产生的温室气体。在世界上的一些地方，如英国，交通运输已经取代电力行业成为碳排放的最大来源。

汽车就像家里的燃气锅炉一样，是一个小型的肮脏能源站。汽车通过燃烧化石燃料来产生前进的动能，因此很难控制每辆车的污染排放。内燃机不仅会产生碳排放，还会释放出大量的其他气体和颗粒物，比如一氧化二氮和二氧化硫，从而进一步造成当地的空气污染。

所以，请尽量不要选择汽车出行。通常父母开车送孩子上学都是出于方便，而不是真的有多远。所以如果你或者你的邻居有同样的情况，你们会组队一起陪孩子走路上学吗？这样你就会知道你的孩子能走多远。健康专家说学龄儿童每天需要 60 分钟的体育活动，所以稍微远一些的上下学步行对于孩子们来说也是合适的。如果你开车接送孩子，在学校门外等待时，一定不要让发动机空转。那样会使用不必要的燃料，造成空气污染，影响儿童发育。

摆脱汽车意味着离开公路。想想你走过公园时的那种感觉。绿地正越来越多地被视为有益身心健康，并且能够减少愤怒、压抑等负面情绪的空间。在一条指定的路径上步行或者骑车意味着你可以选择一条贯穿公园的路线，而不是沿着公路前进，这可以改善你的精神状态和身体健康。

不是所有旅程都可以步行或者骑脚踏车，但如果你愿意使用公共交通工具而不是私家车，也会对减少环境污染有所帮助。公交车和火车是一种更有效的交通方式，因为使用它们会让每人消耗的能源更少。尽管大多数人都知道柴油公交车对周围环境污染严重，尤其是当你站在公交站台，旁边的引擎还在空转的时候。但情况正在改善，世界各地的城市都在推出越来越多的电动巴士。就连标志性的伦敦红色双层巴士也经过了环保改装，2016 年，伦敦推出了第一辆全电动巴士，只需要充一次电就能够运营一整天。现在有超过 70 辆全电动巴士行驶在英国首都的道路上，其中包括 5 辆双层巴士和 68 辆普通巴士。

开车的时候可以通过环保驾驶减少碳排放。猛加速和急刹车会让你的车油耗居高，浪费燃料的同时还会让你还没到办公室就心情极差。如果哪个白痴想在交通灯变化时插队，就让他们去吧。这些对你行程花费的总时间不会有太大的影响，而且用平稳恒定的速度行驶可以显著地节省燃料，为你节约油费和缓解压力。

遵守限速规定也可以节省燃料，因为当汽车超过一定速度时，其燃油效率会降低。当你在高速路上行驶时，关闭空调也可以避免不必要的燃料消耗。不要让你的后备箱或者后座堆满垃圾，因为增加汽车的重量也意味着消耗更多的燃料。尽可能合并你的行程也可以大大节省燃料和降低碳排放，因为如果你每次都在汽车发动机冷却后再分别进行几次短途旅行，而不是发动机加热后用一次长距离的行程把你所要办理的事项办完，你将会消耗双倍的燃料并产生双倍的温室气体。

你还可以约上你的邻居或住在附近的亲戚一起去办事。即使你们的行程可能不太一样，但比起你们分别开车走差不多的路线，依然会节省很多的燃料和油费。而且这比一个人开车对着路况和收音机

大喊大叫更能促进社交。如果通勤或者上学不得不开车的话，你也可以看看是否能找到稳定的共享汽车的人。

当涉及买新车时，现在可以考虑购买电动汽车。电池驱动的电动汽车没有尾气排放，它甚至都没有排气管。这类车完全依靠电池供电，其中大部分的充电就像给手机充电一样方便。不管是轮胎和刹车还是充电方式，电动汽车产生的污染都是最小的。如果电网中大量的电力是靠风力发出来的，这会比用煤炭发电更加环保。

到目前为止，电动汽车的主要问题是成本、续航里程，以及是否有地方能够及时充电。但成本正在迅速下降，如果你通过汽车优惠折扣套餐购买而不是依照标定价格交易，其实电动汽车在价格上足以与同类传统的汽车相媲美，并且用插头给汽车充电也比在加油站给汽车加油便宜。

油电混合动力车目前看来是很好的一个折衷选择，你可以利用这种车的电源供能跑一段较短距离的行程。如果需要行驶较远的路程或者电量不足时可以切换到燃油发动机模式。但由于既要携带电池又要配置内燃机，这种车往往相对较重，所以在使用汽油发动机时，相对于纯燃油汽车，混合动力车的燃油效率更低，行驶成本会更高。所以混合动力车对一些人有意义，但对大多数的人来说纯电动汽车才是更好的选择。

尽管在世界范围内，道路上行驶的电动汽车数量还相对较少，但它们的时代似乎已经不远了。很多国家对此都抱有雄心壮志，希望能够终结传统汽油和柴油汽车的销售。其中最雄心勃勃的国家是哥斯达黎加，目前该国已宣布从 2021 年起淘汰所有使用化石燃料的车，这是其为成为零化石燃料经济体努力的一部分，而挪威的目标是 2025 年。爱尔兰、以色列以及荷兰等多个国家也已经宣称，计划在 2030 年前结束传统汽车的销售，英国和法国的目标是 2040 年。

这些时间节点都在向汽车制造商们发送一个信号：形势正在发生变化。不过要真正推动行业的转变，这些目标必须在短期内足够有意义。好在车企正在对此作出回应，越来越多的公司宣布推出新的电动车车型或撤掉传统内燃机的销售目标。这使得在一些地方已经能够看到公路上汽车种类的变化。电动车在很多地方的市场份额都在增长。中国在电动车的制造和使用方面增长迅速，2017 年中国的电动车销量接近 58 万辆，比前一年同比增长 72%。预计到 2018 年底，电动车将售出 100 多万辆。

未来可能会出现更大的变化。一旦自动驾驶的电动车出现在我们的道路上，城市里的大多数人可能将不会再去拥有自己的汽车，只在需要时召唤一辆即可。当无人驾驶的电动车把人们送到目的地后，它可以去接下一位顾客或回车厂给电池充电。如果这种情景实现了，我们将不再需要停车场，而这些停车场可能会变成真正的公园供我们步行穿过。

目前，在很多历史悠久的城市，几乎都看不到汽车的踪影。从威尼斯到维也纳，布鲁塞尔到杜布罗夫尼克，哥本哈根到剑桥，这些城市更偏爱行人在其狭窄的街道、古老的建筑、运河间穿梭。将汽车全部或部分时间拒于城外，令这些古城保留了更多的历史品质，并为居民、游客和野生动物提供了更多可以享受的城市空间。

许多现代化郊区也在施行同样的措施，比如德国弗莱堡的沃邦社区，5500 名居民生活在一个“减少用车区”中。在安静的住宅街道上没有任何停车位，所有的孩子们都可以安全地玩耍。由于自行车道和公共交通网络很便利，很多家庭选择了放弃开车。

离完全从汽车“手”中夺回街道，我们可能还有很长的路要走。但如果你在不久后选择买一辆电动车，你离那一个拐点的到来不会太远。这也绝对是你可以和家人、朋友及同事聊的话题。谁知道呢？也许你选择电动车的决定足以在当地引发一场电动革命。

空气污染：一个肮脏的大问题

空气污染是世界上影响人数最多的污染问题，全球每 10 个人中就有 9 个人生活在空气污染水平超过健康安全标准的地方。

空气中悬浮的污染物包括二氧化氮以及被

称为“细颗粒物”的微小颗粒，这些颗粒物来自煤烟、硝酸盐化肥和矿物粉尘等，会进入人体肺部甚至血液。空气污染与我们的健康息息相关，会引发心脏病、中风、胸部感染，甚至肺癌。同时还与阿尔茨海默病以及儿童发育问题相关联。

世界卫生组织最新数据显示，空气污染中的细颗粒物每年导致约 700 万人丧生。这其中有一部分是因为室外糟糕的空气质量，一些贫困地区的家庭由于没有清洁的烹饪设施也会导致对健康有害的室内空气污染。

空气污染在低收入和中等收入的国家更为严峻，但世界各国的城镇都可能受到影响。

印度等国的一些城市是世界上空气污染最严重的地区，每年其空气中细颗粒物的污染水平比世界卫生组织建议的安全水平高出了数倍。不过诸如美国、英国、德国和澳大利亚等国家的一些城市，其空气污染水平同样也超过了安全标准。

造成空气污染的一部分原因是交通运输方

式。有研究表明，英国每年有 4 万人因为空气污染而过早死亡，其中有四分之一是由于汽车造成的污染所致。英国国民健康保险制度和全社会每年为此支出约 60 亿英镑的费用。

汽车排放的氮污染会破坏土壤中营养物质的自然平衡，进一步对植物造成危害。

其他空气污染的来源还包括发电站、工业厂房、家里的柴灶和明火，以及垃圾焚烧。

世界上 20 个污染最严重的城市，有 15 个在印度。不过印度政府最近宣布了一项全国空气清洁计划，该计划将会加强空气质量的监测，并要求 100 个污染最严重的城市制定相应的行动计划。

为解决汽车排放造成的空气污染问题，世界卫生组织敦促各国将重点放在推动城市公共交通方面，让步行和骑行变得更容易，并将铁路货运和客运放在优先位置。

关于汽油和柴油的争论可以归结为这样一个事实：汽油造成的空气污染更少，但柴油的燃油效率更高，因此产生的碳排放更少。但归根结底，它们都是化石燃料，总会造成污染。因此如果要彻底解决空气污染和全球变暖这两大难题，这两种燃料都必须被淘汰。

两轮好，四轮坏

想骑自行车，但担心成本、安全或者天气？不要害怕，实际情况比你想象的容易得多。

骑自行车有各种各样的好处，你可以不再去健身房，因为你已经得到了足够的锻炼，同时也会让你免于拥挤的通勤交通工具或陷入交通堵塞的苦恼。如果你在城镇或城市里的通勤距离不到 16 公里，那么骑自行车可能是最快的出行方式，同时它也是最环保的出行方式之一。

你不需要一辆昂贵的自行车，甚至都不需要自己拥有一辆，因为现在很多城市都有公共自行车租赁计划。如果你已经买了一辆自行车，它会比你花在公共交通或私家车上的钱少得多。不过花点钱买几把锁还是很有必要的，可以买

D 型锁或者结实的钢缆锁，把车停在安全的地方以防被盗。越来越多的公司也开始实施鼓励员工骑行上班的计划，这些计划可以大大降低购买自行车和必要配件的成本。

第一次骑车上路难免会让人害怕，不过你可以参加道路安全课程或者和同事相约一起骑车上班。在周末的时候测试一下路线也会给你更多信心。道路可能不会如你想象的那么陡峭或者困难，在城镇和城市里，路上车辆的车速也往往比你想象的要慢得多。随着社会的发展，城市为骑行的人提供了越来越多的空间。如果你所在的地方政府对于倡导鼓励自行车出行还做得不够，那就去敦促他们做些改变。

如果你认为这太耗费体力，还有电动自行车或者电瓶车的选项。你踩踏板的同时也是在给电池充电，这样当你需要费力爬坡时，发动机就会启动，助你一臂之力。

不必担心你花时间骑行到达目的地时会热得满身是汗或者又冷又湿。经常骑自行车的人说他们被雨淋湿的几率比你想象的低得多，并且如果遇到了下雨天或者下雪天，你可以选择不骑。至于出汗，淋浴或者换身衣服就可以了。

嘘！未来已来：驾驶电动车是什么感觉？

你们有街边停车场吗？你大部分的行程都在 300 公里内吗？如果这些问题的答案都是肯定的，那么全电动汽车对你来说可能是一个不错的选择。

电动车噪声小并且非常平稳，因为没有像传统内燃机那样的齿轮。但这只是电动车和老式汽车之间最基本的区别。

电动车发展的一大障碍是价格，但电池的成本正在下降，并且充电非常便宜，电动车的故障也少得多，不需要太多的维护。

人们在考虑购买电动车时面临的另一大问题是其续航能力。这就是所谓的“里程焦虑”。随着电池质量的提升，电动车的续航里程也在不断增加。同时随着充电站的普及，这个问题最终会消失。即使是现在，充一次电也能够满足日常活动所需。仅就日常使用而言，开车上下班、接送孩子或者去商店这些我们大多数时候用车涉及的行程，不太可能会超出续航里程。

电动车车主确实有过一些续航里程方面的焦虑和其他诸如停车一段时间电池是否会耗尽方面的问题。但不久后，车主们就会了解到自己车的行驶里程并开始对从 A 地到 B 地感到自信，尤其当 A、B 两地是他们经常去的地方，比如从家到办公室。

如果开电动车进行类似的行程，大多数时候的充电都可以通过家里的专门充电装置完成。你可以想象，在家里直接给汽车充电要比去加油站给车加油方便得多。现在的一些办公室、购物区和其他公共场所也在安装充电桩，96% 的高速公路服务站都有快速充电桩，能够在 30 分钟内就充满 80% 的电。

汽车本身也会提供给司机一些信息，比如电池还有多少续航里程、停车时如何充电以及充电站在什么地方。这些信息可以帮助车主规划更长的旅程。同时还有智能手机可以安装应用程序，也可以让你了解充电站的位置。

电动车的其他好处还包括，可以提前半小时启动，这样司机在离开家之前车辆已经完成了热车、除雾或者除冰等工作。如果当时还插着电源，那么它可以在完全不耗费电池的情况下完成所有的这些工作。

现在利用电动车进行长途旅行需要多一点规划。但如果你是白天开车去海边并且需要找个地方停车，那你只需要多考虑一下哪里可以同时停车和充电。有很多应用程序和网站能够帮你做到这一点，这些应用程序和网站通常都能与汽车同步，让你方便、安心使用。汽车充电时的短暂等待也会让你有时间坐下来享受一杯咖啡和一块蛋糕，这可比从加油站匆忙买来的巧克力棒要好得多。

目前电动车还是一个新事物，需要一定时间调整过渡。虽然对许多人来说，这似乎有点不安和未知，但我们的下一代可能已经完全不知道燃油车为何物了。

SMALL ACT 5

纸不会从树上长出来

降低你的每日用纸量

计算机本应让所有的办公室都实现无纸办公，记事本、信件和信笺纸本应成为过去，但事实并非如此。是的，你收到的邮递信件变少了，但我们需要面对爆满的电子收件箱。有时候电话响起或你的经理想要你做点什么事情，你会拿起记事本记下一串电话号码或者一件你需要做的事情，甚至你只是无意中在纸上随手涂鸦。

很多人都习惯列清单，而清单需要每天用一张新的纸以方便我们清楚当天需要做些什么。会议也是一样，打开崭新的纸页坐下来会让人感觉非常有条理，时刻准备着把谈话中产生的想法给记下来。

但当你在工作中伸手去拿一张纸准备做笔记或者草草记下要做的事情的时侯，请先看看你拿的是怎样的纸张。你真的需要另一张新的纸吗？你的办公桌上有没有其他可以替代的？如果你手头有一张用过的纸，你只需要把它翻过来就有了一个新的空白空间可以使用。如果你有不再需要的信件，就用它们来写便条和清单吧。如果你用笔记本，确保你在纸的每一面都写了字。最简单的办法是你可以把笔记本的一个侧面记完，然后将笔记本翻一面再继续使用。

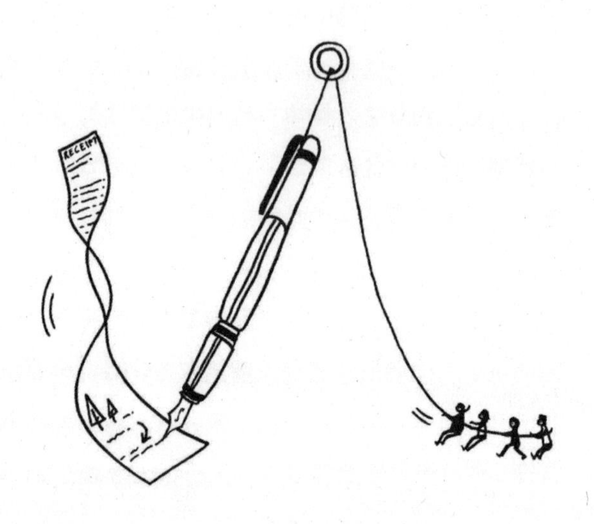

待办清单可以写在任何地方，笔记也通常可以写在现有文件的页边空白处，购物清单或团队咖啡订单可以写在旧收据的背面。这些事情可能看起来微不足道，但你坚持做下去将大大减少你的纸张使用量。

以纸张使用为切入点，我们可以进一步思考包括人类在内的所有生物对森林的依赖度有多高。

据估计，地球上有 3 万亿棵树，森林覆盖着世界陆地面积的 30%，是地球上最重要的生物栖息地之一，是超过一半的陆生物种的家园，其中包括四分之三的鸟类。从大猩猩到鹦鹉，动物们都在森林里安家。一棵树就可以供养 1000 种不同的甲虫，一公顷的森林里有 800 万只蚂蚁和 100 万只白蚁在忙碌着。许多药物的来源一直是丰富的自然资源，森林中还有更多的药材在逐渐被发现，这使其成为神秘的宝库。

除了海洋，森林是世界上最大的碳储藏库，而这些碳是树木生存和生长所需要的。地球上的森林从大气中吸收大量的碳，从而起到调节气候的作用。同时错综复杂地影响着我们的水源供应，世界上四分之三的淡水都来自森林或森林周边的河流。

树木繁茂的地区也有助于降低发生洪水的风险，减缓洪水的流速，防止山体滑坡和水土流失。更重要的是，森林也是创造降雨必要条件的第一步。热带雨林中储存了大量的水，在云的形成和降雨中扮演着重要的角色。

森林对生活在其中或依赖其资源生存的人非常重要，而这重要性不仅仅在于水的供应。全世界有 3 亿人生活在森林里，其中包括 6000 万土著居民。还有 20 亿人直接依靠森林获得住所、做饭和取暖的燃料、食物以及水等。

如果你居住在市中心，森林似乎与你的生活没有太大的关系。但有研究表明，像其他自然空间一样，森林对我们健康和情绪感受有着重大的影响。在树林里待上一段时间可以缓解压力带来的身体症状，如降低心率和减少导致压力荷尔蒙。日本的一项研究证明，住在森林里甚至可以增强人们的免疫系统。因此，在森林中调动起你所有的感官，无论是漫步在英国春日风铃草覆盖的林地中，还是体验日本的森林浴，只要置身其中认真感受对我们都有好处。

事实上，我们需要立刻采取行动来阻止森林陷入困境。森林砍伐是造成气候变化的主要因素之一：全球大约十分之一的温室气体排放来源于森林的砍伐。从另一方面来看，减少森林砍伐和增加植树量可以在导致气候变暖的碳排放量控制方面发挥重要作用。

纸在森林砍伐中也扮演着重要角色。在热带雨林丰富的印度尼西亚，砍伐森林主要是为了建油棕榈种植园和为制浆造纸工业提供原料的木材纤维种植园。有将近 160 万公顷的原始森林被改造成油棕种植园，同时有 150 万公顷的原始森林被改造为木纤维种植园，这两者的面积加起来比整个瑞士都要大。印度尼西亚的森林砍伐也正威胁着红毛猩猩等物种的生存空间。

很明显，并不是所有人用的纸张都来自印度尼西亚。但是减少纸张的使用以及确保使用的纸张都有可持续的来源，这对全世界都有好处。尽管技术在不断革新，但仍有改进的空间。

每次打印前先思考一下，你真的需要将文件打印出来吗？如果是必要的话，你可以通过双面打印的方式来减少纸张的用量，或者检查一下邮件结尾处有无一行字占用一整页的情况。这不仅仅是为了保护树木，生产一张 A4 纸需要 20 升水，并且还会使用可能污染水资源的有毒化学物质，所以减少个人的纸张使用也会对保护水资源有利。

在英国，每人每年平均会使用 145 千克的纸张，美国甚至高达每年 215 千克。再联想到纸、纸巾和纸板的质量，可想而知人们一年的用纸量是多么大。所以采取双面打印或者不打印的方法也仅仅是减少用纸量的冰山一角。

请尽量在旅行和活动中也做到无纸化。如果你已经通过手机收到了电子门票，抵抗住自己为了增加安全感而想把它打印出来的冲动，只需要确保你的手机在参加活动时有足够的电量就可以了。如果你找不到路，为什么不拍一张地图的照片或者截图而非要打印出来呢？除非你需要收据进行财务报销，否则不要索要。银行、能源公司或其他服务可能会提供无纸化的报表或账单，这绝对也是一种减少纸张使用的方式。

所有的这些行动都可以减少纸张的使用，再加上对纸张的重复利用，可以减少你对纸的过度依赖。

当你用完办公必需的纸张，尤其是质量较好的办公用纸时，一定要将其回收利用。如果你的办公室没有回收箱，可以建议老板设置一个。或者如果你是老板的话，一定要着力去解决这一问题。

这也是你可以向同事和团队提及的事情。因为如果你告诉了别人你在减少用纸方面的努力，这更

容易帮助你将这份努力坚持下来。你甚至可以尝试在办公室发起一个“每天一张纸”的活动，给自己设定一个每天不使用超过一张纸的目标，并鼓励其他人也加入进来。如果你带头这样做了，也许其他人也会同意，甚至开始尝试做其他更多的保护环境的事情。

让团队参与进来并减少纸张浪费的一个简单办法是让喝咖啡这样的简单小事更加可持续。英国每天会用掉 700 多万个一次性热饮杯，每年会用掉数十亿个。虽然它们看起来像是用纸做的，但其实具有塑料做的里衬，这就意味着其不能以一般的废纸回收程序进行循环利用，因而大部分热饮杯只能被扔掉。如果你的团队在早上有喝咖啡的习惯，建议避免使用硬板纸做的隔热套和塑料搅拌棒，如果需要加糖可以回办公室来处理。而且为什么不试试让每个人都买一个可重复使用的杯子呢？或者更彻底一点的做法是让办公室有一台咖啡设备并为团队配上相应的陶瓷杯。

这里值得提醒你一下做这些事情的意义。如果你足够幸运，工作地点在步行可以到达的树林或者任何小型的野生环境区域附近，那么你或许可以在午间休息时散步其中，感受行走在树林里的美好。让你有一些时间可以远离电子屏幕，缓解在繁忙世界中的压力。在你住的地方也一样，如果你的住处附近有一个这样的地方，那就在晚上或周末的时候去树林里走一走，重新建立与大自然的联系。你还可以报名成为当地或者全国性机构的志愿者，帮助管理当地的林地或自然保护区！

在办公室之外，你也可以做一些其他的事情来节省纸张。当你买纸的时候，你应该首先考虑购买可回收再生的产品，因为这些纸张不是直接砍伐树木制造而成的。所以不论你是买贺卡还是打印纸，记事本还是日记本，先确认一下它们是不是用再生纸制造的。在商店购物时，不要使用商家提供的纸袋和塑料袋，用自己的环保袋来代替。你也可以找找再生的厕纸和厨房用纸。有人认为提到再生厕纸会觉得有点恶心，但很明显这类纸不是从用过的厕纸中回收利用，而是来自其他的纸制品，如办公用纸。

如果找不到你想要的再生纸，你可以找那些由可持续资源生产而来的纸张，比如带有森林管理委员会（FSC）标志的产品，这个标志能确保这些纸来自被妥善管理的森林。

另一件需要解决的事情是堆积如山的包装纸。在生日和圣诞节这类节日，我们会产生大量的包装纸垃圾，如果其中含有塑料、箔纸或亮片以及用了很多胶带来固定的话，这些垃圾就没有办法被回收利用。但如果花点心思，这些垃圾是可以重复利用的。虽然我们内心深处都是大孩子，但也许并不需要一个撕开包装纸的动作来获得礼物。小心地打开礼物，把包装纸留着日后重复使用。或者当你包装礼物的时候，不要用胶带，试着学习使用丝带或绳子来包装。没有胶带缠绕的包装纸更容易被再次使用或回收。别用箔纸或闪光纸，找一些颜色很好的包装纸或卡片，确保它们可回收或者印有 FSC 标志。

你甚至可以在最开始就创造性地选择你所用的包装材料。杂志或报纸上色彩鲜艳的广告版面十分适合包装小礼物，或者如果旧挂历上有漂亮的图片，你也可以加以利用。动员全家参与，并设置一个挑战比赛，看谁能在家庭聚会时想出最好、最古怪或最不寻常的包装方式。

如果你要给孩子送一份大礼，如一辆自行车，可以只简单地在上面盖上鲜艳的床单或毯子，然后打上一个大大的蝴蝶结即可。

所有的这些小事都能够帮助我们减少纸张的使用。尽管纸张使用与森林保护之间关系密切，但减少纸张使用只是我们拯救森林行动的一部分。人类对森林的影响有很多方式并不那么明显，但影响最大的方式之一就是我们吃的东西。下一章，让我们来谈谈食物。

一棵树和一个对勾：
如何知道你购买的东西是否环保？

森林管理委员会（Forest Stewardship Council，FSC）成立于1993年，是世界上第一个森林认证计划，旨在确保对森林进行负责任的管理，以及木材以及纸张等其他产品可持续的贸易。

目前全世界有数百万公顷的林地都获得了

该计划的认证，这些林地包括了从斯堪的纳维亚到刚果盆地，从巴西到中国等地由私人、公共以及社区拥有的森林。认证同时也可以颁发给木材种植园和天然林。

木材是一种可再生资源，因为树木可以再生。如果在生产中不造成损害，比起由化石燃料制成的混凝土或塑料等其他不可再生资源，木材是更好的原材料。它同时还可以为生活在森林地区的人们提供可观的收入。

但如果是以不可持续的方式经营森林，比如世界上许多地方都发现的非法以及不可持续的采伐，反而会威胁到这些当地居民的生命以及生计，并使野生动物面临灭绝的风险。

根据森林管理委员会的认证，森林管理方式的评判依据是一系列固定的标准。这些标准包括砍伐森林的方式，比如是否会剃光头似的砍光一个地区所有的树，或者是否限制使用一些危险化学品以保护土壤免受侵蚀。认证中对保护珍稀野生动物方面也有相应的标准，同时还有对社会问题方面的要求，比如确保数百万依靠森林生存的当地居民的权利和资源，保护工人的经济福利以及确保公众能够参与决策。

研究表明，经 FSC 认证的森林为当地居民提供了更好的工作和生活条件。与未认证的森林相比，当地人更有机会与商业公司就森林相关的问题进行交流。研究同时还发现，与传统伐木相比，实施相关标准减少了对认证地区森林的破坏，而且与公司参与认证之前相比，认证计划在保护野生动物及其栖息地方面有了更好的措施。

甚至在世界上某些森林管理法律执行不力，对森林保护支持力度较小的地区，认证计划也发挥着重要的作用。例如，在西非的加蓬，森林是低地大猩猩、黑猩猩、大象以及许多其他鸟类和哺乳动物的家园，有 FSC 认证的伐木特许公司比没有认证的公司更遵守保护野生动物的法律。

认证计划当然不是解决世界上的森林面临的危机的根本方法，也不能取代以健全的科学评估为基础的，强有力的与森林管理相关的规章制度和法律。但是帮助建立 FSC 的世界自然基金会认为，认证计划可以帮助确保对环境负责、对社会有益以及在经济上可行的森林管理。

所以你可以留意一下 FSC 认证标志，标志的样子是一个对勾延伸成一棵树。如果在书籍和厨房卷纸等产品上看到它，就表明这些产品是由良好管理的或具有再生资源的森林材料制成的。

热带雨林：万物共生

从拥有红毛猩猩和老虎的印度尼西亚，到大猩猩、黑猩猩和大象的家园刚果，再到拥有美洲虎、水蟒和树懒的亚马孙，世界上的热带雨林以丰富的野生动物物种而闻名。然而如果我们持续地砍伐树木用于造纸和工业用材以及为农业腾出空间，那么不仅已经存在于森林中的物种会遭遇灭顶之灾，很多物种甚至还未被我们发现就已灭绝。例如，尽管西方的博物学家对亚马孙雨林进行了几个世纪的探索，但其很多方面对现代科学来说仍然是个谜。

仅在最近几年就发现了数百种以前不为人知的物种，这些物种涵盖了鸟类、哺乳动物、植物、鱼类、爬行动物以及两栖动物。包括新发现的一个灵长类物种，火尾伶猴。这种猴子有着独特的灰色和红色皮毛以及一条长长的红色尾巴。正如亚马孙地区许多物种一样，这种新发现的猴子面临的最大威胁是森林滥伐。

亚马孙河豚也被认为是一个独立的物种，其他发现的物种还包括一种奇怪的只有 1 英寸长的小型鲇鱼，一种喜欢藏在泥土里或树干下的蛇，还有一种眼镜蜥科的“黄胡子蜥蜴”（yellow-moustached lizard）。还有许多新的鸟类物种，包括有着夺目的大眼睛和强壮的喙的西方条纹喷䴕，它的拉丁学名 *Nystalus obamai* 是为了向美国前总统贝拉克·奥巴马致敬。

在奇科·门德斯自然保护区也发现了这种喷䴕，该保护区位于巴西亚马孙河流域的阿克里州，面积达 95 万公顷。保护区周边社区有权从森林中获取木材和坚果等其他产品。

2017 年 12 月，8 个红外相机安装在了这个拥有 1 万人口的保护区，用于监测野生动物和评估采伐木材和其他林业资源对森林的影响。在第一轮的监测过程中共记录了 116 种动物，其中有 20 多个物种被红外相机捕捉到，包括豹猫、鹿、猴子、犰狳和灰翅喇叭鸟。

保护区也第一次用相机捕捉到了长尾豚鼠家庭的图像。长尾豚鼠是亚马孙雨林中一种行动十分缓慢的啮齿动物，在巴西很罕见，但在秘鲁、玻利维亚和哥伦比亚十分常见。人们对其所知甚少，特别是在巴西，几乎没有关于它的野外记录。狩猎和森林的破坏是其面临的主要威胁。

来自世界自然基金会的专家和当地居民都认为在保护区内发现长尾豚鼠是一个好消息。这意味着只要采取正确的措施，就有可能在利用森林资源的同时，确保动物的繁衍生息。

10亿到70亿的路很长，从你办公室的团队开始吧

除了采取双面打印、骑自行车通勤、关掉电脑或是用楼梯替代电梯等方式，还有许多的事情可以对地球和自己的生活产生积极影响，但你经常会认为只有自己一个人在坚持所以很容易放弃。

另一方面，和认识的人一起去感受成为社区的一部分也是很好的。告诉朋友们你在做些什么，会让你更有可能坚持下来，同时也能影响到其他人一起参与进来，从而扩大行动的影响范围。在线平台Do Nation的创始人意识到了这一点，所以平台帮助人们在细微行动上做出许诺和改变，从而累积起更大的影响。

他们建立了一个网站，在这里人们可以分享自己对更绿色、更健康生活的承诺和行动，并且可以衡量出这些行动对于碳排放、水资源的使用以及浪费的影响。

人们可以创建一个倡导活动让其他人一起

来参与。比如，请求他人赞助一次长距离游泳比赛也许不容易，但在这个网站上，可以只是邀请朋友和同事做出减少电梯搭乘次数的承诺。当承诺兑现时，人们可以直观地看到自己为此节省下来的碳排放的量。这样的形式甚至可以替代传统的结婚礼物清单。

Do Nation 的首席执行官赫敏·泰勒（Hermione Taylor）在从伦敦骑行到摩洛哥的途中对这种倡导形式首次进行了测试。她没有寻求传统的资助，而是要求人们履行一些简单的承诺，比如骑自行车上班或少吃肉。结果，她成功地鼓励人们减少了 84 次飞行的碳排放，而不仅仅只是她自己往返摩洛哥的两次航班。

目前成千上万的人已经做出了承诺，公司和机构也利用这个平台帮助员工提高可持续办公能力和自己的福利。这并不需要头衔中有“可持续”的人来启动这些工作计划，任何人都可以做到。

从电梯共享到随手关灯，网站上有几十种可以加入的活动。其观念是做出切实可行的承诺，积累起来就会产生不同。

平台会鼓励人们坚持至少两个月，这会使其在活动结束后更有可能继续这个习惯，平台还会在活动结束时跟进人们承诺完成的情况。

Do Nation 认为该计划最大的成果之一是促进了人与人之间的沟通，并且让那些签署个人承诺的人们开始思考如何能够创造更广泛的影响。这还可能促成连锁反应，最终有利于地球和全人类。

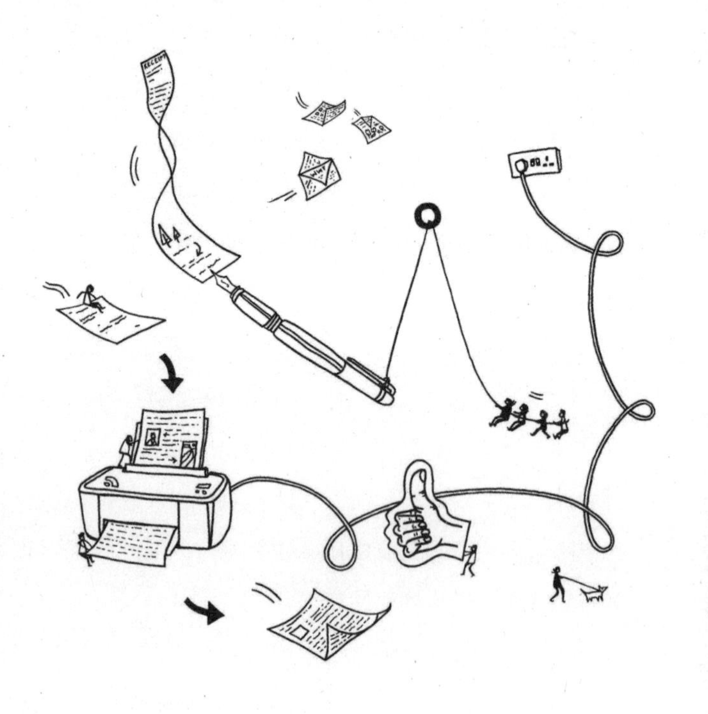
RECEIPT
WWF

SMALL ACT 6

绿色盘中餐

多吃素，少吃肉

现在是午餐时间，你准备去吃点东西。没有特别想吃的饭菜，所以你可能会去食堂或者常去的那家商店买一个普通的鸡肉三明治，跟柜台后你很熟的服务员打个招呼，或者那个打招呼的人只是收银台后你不太记得长相的陌生人，甚至可能只是一台对着你大喊着在装袋区有惊喜的机器。你会喃喃自语道哪有什么惊喜，那只是你的午餐。或许你在做早餐的时候给自己预留了一些，便省去了外出吃午饭的麻烦。自己做饭很健康，唯一的问题是所做的菜会很单调。

晚餐的情况可能也一样。很多人在没有食谱

的情况下只会几道菜轮流做着吃。今晚可能又是香肠和薯条，虽然味道不错，但感觉它们只是给自己供能的燃料而不是美味的食物。或者你会叫一份外卖，这样就可以舒服地躺在沙发上了。

但请花一些时间看看你的食物，想想它们从何而来以及有何不同。你是怎么用丰富的蔬菜、豆子、香料和调味品做出了一道美味的菜肴？如何用其他新奇的菜肴来替代传统的肉食，让你不会摄入过多蛋白质的同时也不给地球带来太重的负担？你真的准备好吃素了吗，还是仅仅嘴上说说而已？

不可否认，吃肉与否可能会是个具有争议性并且容易产生分裂的话题，会激起纯素者和肉食者的强烈反应。但无论你属于哪个阵营，先保持冷静，因为我们的饮食方式对环境有着显著的影响。

粮食生产的碳足迹很大，20%~30% 的全球温室气体排放都与食品和农业有关。在家畜饲养和奶制品的生产过程中会产生甲烷，也就是众所周知的牛打嗝和放屁，还有用于提高农作物收成的化肥释放出的氮。不太明显但很严重的影响是，为了把土地变成能生产大量食物的农田，大面积的森林和其他栖息地被砍伐，这些地被用来种植喂养动物的农作物或者直接饲养猪和家禽。树木被砍伐时，将会释放出在植物和土壤中已经储存了好几个世纪的碳。

当森林土地被开垦用于农业用地时，其引发的问题不仅仅是碳的释放。森林与其生态系统同样为世界上大量的动植物们提供了栖息的家园。很多动植物由于失去自然家园而遭受生存威胁。从婆罗洲的红毛猩猩到巴西塞拉多大草原上的美洲虎和巨犰狳，许多物种正被不断增长的农业用地需求推到灭绝的边缘。在北欧，虽然我们创造出了举世闻名的绿色挂毯般的农田，但这些粮食生产的杰出成绩也让我们在生物多样性方面付出了史无前例的代价。世界上约五分之三的野生动物消失都与农业有关。

种植粮食的耗水量非常高。来自小溪、河流和地下水的全球近四分之三的水资源被用于农业生产，我们已经看到这对人类和野生动物会造成怎样的问题。

当然你不可能不吃东西，这是不现实的。但你可以做一些事情让你的食物在地球上留下的痕迹更轻一些。第一件事就是改变你的饮食，多吃素，少吃肉。

从蔬菜和豆类中获取身体所需的蛋白质和卡路里比通过肉类获取更有效。因为你消耗了土地、水、化肥和杀虫剂种植出的作物喂给了动物，并没有直接提供给人类，同时还需要更多的水、土地和能源来饲养这些动物。

全世界每年生产数百万吨大豆和玉米。像塞拉多这样的关键地区，原本稀树草原的生境储存的碳量与亚马孙一样多，但现在已经从野生动物的自然栖息地转变成了大规模的单一农业用地。塞拉多自然保护区的面积从 20 年前的 2 亿公顷缩小到现在的不足 1 亿公顷。

这些大豆和玉米并不是供人食用，其中的四分之三用于动物饲料，特别是猪和家禽。其结果除了牛打嗝以外，还有森林“剃光头”现象，畜牧业作为一个整体是温室气体排放的重要来源。世界各地的人变得越来越富有，并转向以肉食为主的西方饮食习惯，这样只会加重对野生动物、栖息地以及地球的不利影响。

将你的饮食重心转向素食，不仅有助于减少肉食产生的环境影响，还会对你的健康和幸福有益。拥有西方饮食习惯的人并不需要更多的蛋白质。事实上，我们每天摄入的蛋白质总量是所需要的两倍之多。当然你不需要将食物立刻转为全素食，甚至不必成为素食者，只是适当减少肉食方面的摄入就能产生很大的积极影响。这也应该基于个人的需求做出明智的决定，毕竟每个人都是不同的。

尝试过之后，你会发现少吃肉要比你想象的容易得多。世界各地有许多色彩缤纷的菜肴天然不含肉，很容易适应，比如意大利面食、泰式绿咖喱或地中海塔吉锅。你可以更有创意，不断探索新的菜系和口味。毕竟我们是杂食动物，生来就吃各种各样的东西，所以为什么不充分利用这一特征呢？试想一下如果我们是熊猫，整天吃的就是竹子，生活该有多无聊。试着在网上找一些素食食谱跟着去做，即使你只是为了一顿饭或者一个星期的某一天而这样做，也会有很大的不同，不过要注意不要为了奖励自己而在第二天吃太多的肉。

当你开始吃蔬菜的时候，最好跟着季节来。你知道西兰花什么时候是当季，玉米什么时候食用最好或者芦笋什么时候产量最丰盛吗？去找到这些问题的答案，食在当季吧。这样做的理由很简单，就是蔬菜在最新鲜的时候食用会更美味。对比一下你在冬天吃到的西红柿和夏天吃到的，想一下它们有什么不同？当季蔬菜也可能比反季的更便宜。利用自然条件进行集约种植比人造自然条件集约种植对环境的影响要小得多。同时也有证据表明当季的食材更有营养。

这不是要你必须在冬天吃瑞典甘蓝，或者在夏天只能吃三周的豌豆。通常我们觉得新鲜是好的，冷冻或罐装的不好，但冷冻或罐装通常都是在蔬菜最新鲜的时候加工，充分保存了营养，意味着你可以在一年中的任何时候食用。虽然有些当季食物可能是在世界上不同的地方生产的，但不用太担心距离问题，因为运输只占你盘子里的食物的碳足迹总量非常小的一部分。

如果你想购买产自本地的食物以及想知道你的食物来自哪里，可以考虑一下你所在地区的农业生产系统，如果本地生产的食物的生产方式没有对自然造成损害，你就应当多多支持，还有一些能够告诉你食物是如何认证项目，如果你有兴趣的话，是有机会参观农场的。你甚至可以看看你经过的乡村，观察下野花、野生动物和树木是否茂盛，或者只是一片片种植着同类作物的农田。

如果你买的肉少了，自然可以节省支出。这样你就可以购买农民通过非密集加工生产的更好的肉，这样的肉更有营养也更美味。吃得少但吃得好，还可以鼓励农民生产对环境负面影响小的精品肉类，使他们获得更好的福利。在大规模、更便宜密集且更具破坏性的畜牧业继续发展时，这些生产者不至于碰壁。

这也适用于从国外，特别是那些更多依靠农作物维持生计的小农地区购买的食品。记得寻找印有公平贸易（Fairtrade）和热带雨林联盟（Rainforest Alliance）这样的标志，这些标志在日常最受欢迎的食物上都能够找到，比如茶、咖啡、巧克力还有包括香蕉在内的很多水果。这些标志表明，农民为生产这些食物所付出的劳动得到了公平的回报，解决了全球粮食系统中的一些不平等问题，并还会时常鼓励生产者采取环保措施，如植树和减少农药的使用。

如果你正在吃海鲜，留意一下海洋管理委员会（Marine Stepwardship Council）可持续认证标志。该标志表示海鲜产品经过评估，以确保不损害环境和健康鱼类种群的方式进行了捕捞。当你在蔬菜方面大胆尝鲜的时候，也可以尝试一些不一样的海鲜。我们是有特定习惯的生物，比如在英国，人们通常只吃鳕鱼、鲑鱼、黑线鳕、金枪鱼和明虾，它们被称为五大海产品。向外扩展我们的食谱可以缓解这些物种的供应压力，也可以做出美味的另类晚餐。

当你购买食物以后，一定不要浪费。全球有三分之一的食物被浪费，原因有很多：发展中国家有限的冷链运输条件意味着很多食物永远无法进入市场；收成可能会与需求不同步；有时人们一次性购买了太多的食物，短时间内吃不完，最后腐败变质的食物只能扔掉。

家庭中的食物浪费似乎是一个长期存在的问题，但有很多方法可以防止，比如把剩菜冷冻起来、只买需要的食物、学习新的菜谱把食材通过不同的创新方式使用完。你也可以在超市里选择“丑陋蔬菜”货架，在那里你有机会买到虽然看起来不完美但品质不错的廉价农产品。当你在超市纠结买什么时，想想这些食物的整个生命周期和到达你面前整个过程中使用的能源、水和其他资源，并试图思考你是否真的需要它们，或者你可以如何完整地利用食物以确保不浪费。

归根结底，这不是关乎你是否是一个素食者或者时不时吃素的“弹性素食者”或者是否只是一半时间吃素的“非素食者”。它关乎的是食物的价值，生产的代价以及我们如何能够更好地利用食物。我们无法改变一个庞大而复杂的全球粮食系统，但从一些小事做起，改变一些习惯，可能就会带来一些改变，我们着实应该好好思考一下关于食物的问题，而且不仅仅是关于食物能提供多少卡路里的问题。

你知道冰箱里都有些什么吗？隐藏的大豆

大豆似乎是素食者和纯素食者的专属，因为经常看到他们美美地吃了一顿炒豆腐吐司。但其实大多数人的冰箱里都藏着大量的大豆，只不过隐藏在了其他的东西里。

五千年前，中国人首次驯化种植了大豆，使之成为最早的粮食作物之一，被称为“豆中之王”。大豆含有 38% 的蛋白质，比肉类、牛奶甚至鸡蛋的蛋白质含量还要高得多。而且与大多数其他食物相比，大豆还含有更全面的人体必需的氨基酸以及相当数量的不饱和脂肪。

过去 20 多年，大豆种植在南美洲得到蓬勃发展。随着亚马孙部分地区、大西洋雨林和塞拉多等地区的农业转变为单一种植的农业，其产量在短期内几乎激增到了原来的 3 倍。目前全球约有 1.13 亿公顷土地用于大豆种植，面积相当于英国、法国和德国国土面积的总和。

但这些土地产出的 2.84 亿吨大豆中，大部分最终都不会成为我们直接消费购买并从中获取丰富蛋白质的豆腐或豆奶。因为世界上种植的四分之三的大豆都是被用来饲养动物的，而后这些动物被我们通过肉类、蛋类和牛奶还有奶酪类的奶制品等形式消费。在西方饮食构成中，肉类和奶制品占比最高，而我们吃的绝大多数大豆都隐藏在这些食物当中。在欧洲，即使一口豆腐都没吃过，平均每人每年也会消耗 61 千克的大豆。

让我们看看冰箱里的大豆都在哪里。肉类含有大量隐藏的大豆，其中鸡肉和猪肉制品的含量尤其高。从实际重量来算，养鸡用的大豆比最后端上餐桌的肉的重量还要多。所以当你晚饭吃了 100 克鸡胸肉时，背后其实隐藏了 109克大豆的消耗量。每个鸡蛋平均重约55克，消耗掉 35 克大豆。所以在平均每人每年要吃 214 个鸡蛋的欧洲，相当于每人每年要耗费掉 7.5 千克的大豆来制作煎蛋、鸡蛋三明治、乳蛋饼、煎蛋卷和肉馅煎蛋饼。

猪肉的情况也差不多，盘子里的每 50 克香肠需要消耗 17 克大豆。乳制品里也有隐藏的大豆，一块 100 克的奶酪间接消耗了 25 克的大豆，因为奶牛是用大豆制成的饲料喂养的，200 毫升牛奶里也“藏”有 7 克的大豆。

即使是三文鱼，只要是人工养殖的，也会消耗大豆，因为大豆会被制成供鱼食用的鱼粉。一份 100 克的三文鱼排或鱼片在养殖和生产过程中会使用 59 克的大豆。

如果以肉类和奶制品为主的饮食习惯越来越受欢迎，那么大豆的产量也会随之增加。预计到 2050 年，大豆的产量将增加一倍。但大豆的持续生产并不一定要以牺牲更多的森林和宝贵的栖息地为代价。作为消费者，我们可以尽自己的一份力量来减少大豆产生的影响。除了减少你的总消费量，试着询问一下零售商和连锁商店，看他们是否正在采购可持续认证的大豆。

食物与气候变化

不管是炸鱼薯条、咖喱鸡还是早上的一杯咖啡，一些我们喜爱的食物和饮品正在遭受气候变化的威胁。

像马萨拉咖喱鸡这样的菜肴所需要的原料来自世界各地，而许多原料的产地可能会受到全球变暖的影响。温度和降雨模式的变化会对产量造成巨大的影响，并增加虫害爆发的可能性和频率。越来越多的极端天气，如更长时间更严重的干旱期，也可以使一些地区不再适合种植某一特定的农作物，这将影响与其息息相关的人们的生活。

高温可能会影响鸡的健康和生长，在南美洲用于饲养鸡的大豆产量也可能会受到温度上升和降雨模式变化的影响。同样的问题也将影响印度的大米收成，气候变暖还可能损害洋葱等蔬菜的收成以及番茄的产量。

炸鱼薯条一向是英国人的最爱，甚至被看作是英国的象征。第二次世界大战期间英国食物紧缺，几乎所有的食物都限量配给，唯有炸鱼薯条没有被列入限制名单。这道菜简直可以称作是英国的救命菜。但 20 世纪 70 年代以来，随着海洋温度的升高，鳕鱼向北迁移到温度较低的海域，英国人也不得不改变饮食习惯，艰难地把炸鱼薯条中的鳕鱼换成其他鱼类。

加纳是主要的可可生产国，为世界上一些著名的巧克力品牌提供原料。这里的农民已经在寻找应对气候变化影响的方法。他们正在种植新的适应性更强的可可品种，以便应对更长或更难以预测的旱季，同时还种植遮阴树，以保护可可不受气温上升的影响。

同样的事情也在印度尼西亚的苏门答腊岛发生，这里是著名的咖啡产地。苏门答腊岛北部加约高地的农民报告称由于意外降雨或长期干旱，咖啡的收成直接下降了 50%，并认为这是气候变化导致的。非季节性的降雨让种植日晒咖啡豆的努力前功尽弃，而温度升高也意味着以前只在低海拔地区观察到的害虫正在向高处蔓延。

当地农民们正在采取措施来应对这些问题，例如培育适应性更强的咖啡树品种。在咖啡园里种植遮阴树来保护作物，同时建造雨棚来保护干燥的咖啡豆不被雨水淋湿。但农民们认为，需要国际社会的努力才能拯救该地区的咖啡产业以及世界其他地区的咖啡产业，使其免受气候变化的影响。

食物浪费——我们能做些什么？

我们在家里浪费了很多的食物，这不仅消耗了自己的金钱同时也消耗了地球的资源。你只需做出一些简单的改变，便可以避免把食物扔进垃圾桶，也不必为打开冰箱意识到需要扔东西而感到沮丧。

学着爱上你的冰箱冷冻室。你可能会惊讶于可以冷冻的食品种类，切片面包只要包装得当就可以放进冷冻室，你可以把冷冻过的面包片直接放进烤箱里加热。如果你买的牛奶还没有全部喝完，那就把一部分倒进水壶，剩余的都放进冷冻室。如果你只是偶尔吃一点新鲜辣椒，而你为了一道菜买了一整袋，那么多余的也可以冷冻储存。

如果你做的一道大菜没有吃完，也可以将其分成单份留到某一天你不想做饭或者回家太晚的时候再吃。

如果你喜欢类似泰国咖喱酱一类的罐装酱料，并且知道自己没办法在其坏掉之前食用完，你可以把酱料放进冰格里冻起来，这样你就有完整的咖喱块随时取出来做菜。同样的道理也适用于瓶底残留的红酒，可以将其放在冰格盘里冷冻储存起来供以后使用。

把握正确的份量是避免浪费的另一种好方法，这对你的体重也有好处，因为过度饮食很容易变成暴饮暴食。最简单的方法是称出适合你的份量，然后找到一个可以匹配的容器。你可以用一个刚好够全家人食量的马克杯来舀米，或者用一个小碗来称量取用刚好够一人食的干意大利面。

拥有一个储存丰富的橱柜是非常值得的。橱柜花不了多少时间整理，但可以确保你拥有所需要的所有香料、罐头食品、大米、意大利面和豆类。这样你只需要购买新鲜的食材，剩下的佐料就在手边，随时可以准备做一顿美味的饭菜了。

不要太在意水果蔬菜上的伤痕，尤其是当你烹饪它们的时候。把不喜欢的部分切掉，剩下的吃掉。你的胃其实并不在乎食物的长相。

最后，清楚自己冰箱里有什么，只买你需要的东西。如果你有时间，可以计划一下一周的菜谱，然后只买需要的菜品，不要超量。如果购物清单不适合你，记得用智能手机拍下冰箱里的东西，让你在商店的时候可以看看自己还需要什么东西。

SMALL ACT 7

重复使用、清洗，重复以上动作

减少你的日常塑料垃圾

外出感到口渴会让你非常不愉快。无论是和家人一起去购物，还是去参加商务会议，一旦感到口渴，你便无暇顾及其他。

于是你来到一家商店，那些瓶装水像沙漠中的绿洲一样晶莹透亮地发着光。你拿起一瓶迅速结账付钱，然后拧开塑料瓶盖喝了起来，尽情享受着清凉的水带来的快感。过了一会儿瓶子空了，你该怎么处理呢？也许把它丢进垃圾桶，也许会回收利用它。但几天后当你出门再次感到口渴时，你很快又会到商店拿起一瓶瓶装水。

为什么不给自己买一个可重复装水的瓶子随身

携带呢？这样你就不用花钱购买瓶装水了。养成这个习惯可能会有点难，即使有人愿意花钱买一个水杯，也不会时常随身携带或者不好意思让咖啡馆的人把咖啡装进自己的杯子里。但这是一个好习惯，因为你永远不知道你会在什么地方感到口渴，比如在炎热的日子里遇到交通堵塞，或在拥挤的火车上。这样做可以让你保持身体里的水分，还能够解决塑料污染的主要源头，这是我们需要为这个星球所做的。

塑料对全世界野生动物的影响可谓触目惊心：信天翁飞行数百千米为饿坏了的幼鸟带回食物，但嘴里却满是塑料；海龟被塑料渔网缠住身体，甚至它的鼻孔里还插着一根吸管；一只搁浅在挪威偏远港口的鲸鱼在接受胃部检查时，胃里塞满了来自世界各地的塑料。这些鲜活的案例开始让我们意识到人类过度使用塑料给野生动物造成了很大的影响，但这只是冰山一角。

太平洋上的亨德森岛是地球上最偏远的地方之一。这里没有人居住也无人到访过，但岛上却有 3800 万块塑料垃圾，使其成为地球上塑料污染最严重的地方。这些塑料是被太平洋环流从世界各地冲刷到这里的。

人们甚至在海底最深处也发现了一个塑料袋，那可是位于马里亚纳海沟一万多米深的地方。

每年大约有 800 万吨塑料垃圾流入海洋，伤害和杀死野生动物，而这一数字到 2025 年还会翻一番。如果继续这样发展下去，到 2050 年，海洋中塑料的重量可能会超过所有鱼类重量的总和。

塑料会在多个层面对野生动物造成伤害。海洋生物被其缠绕造成伤害甚至死亡，一些动物误食塑料阻塞消化道。塑料还会堵塞珊瑚礁，或者最终被我们餐桌上的鱼吃掉。据估计，英吉利海峡三分之一的鱼类体内含有塑料，在印度尼西亚和美国，四分之一的鱼类体内含有源于合成纺织品的塑料碎片。

由于塑料不能自然分解，也不能主动转化为天然材料，其所造成的问题可能会持续几个世纪。尽管随着时间的推移，塑料会分解成更小的碎片，但这仍然是一个问题。这些塑料碎片在自然界会和那些人为制造出来的塑料微粒汇合。这些所谓的“微珠”被专门制造出来添加进洗面奶或其他清洁产品中，在人们的洗漱过程中跟着一起被冲进了下水道。

这些微小的塑料碎片在海洋里到处都能找到。在遥远的北极，每升海水里含有多达 12 000 个塑料微粒，有些塑料微粒的直径甚至比人的头发直径还要小。这些都是从掉入大西洋和太平洋中的不同塑料制品分解而来的，比如渔网和船舶外漆。

这些塑料微粒小到可以被食物链底层最小的生物如单细胞生物和微型甲壳类动物吃掉，并有可能顺着食物链到达更大的动物和人体内。

没有人能够确定塑料微粒会给食物链带来何种影响，但有人担心具有污染的化学物质会附着在这些塑料微粒上，使其变为有毒的可吸收物。

在陆地上也一样，塑料垃圾不仅不美观，还会造成严重的污染。在印度和孟加拉国，塑料垃圾堵塞下水道导致城市洪水泛滥；在肯尼亚，屠宰场的牛胃里经常会发现塑料；塑料微粒甚至出现在全球数十亿人的供水系统中。

一些野生动物已经适应了把塑料垃圾用于不寻

常的途径。园丁鸟会收集相同颜色的物品来作为鸟巢的装饰品以吸引雌鸟的注意，有记录显示这种鸟会把瓶盖加入其收藏的花朵和树叶中，而黑鸢则用白色塑料袋作为其巢穴禁止入内的标志。但同海洋动物一样，陆地上的动物也会被塑料缠住或者误食塑料。

这一切都是由于 20 世纪 50 年代以来塑料使用量激增造成的，其中大部分用于包装或者其他单一用途，比如制造塑料吸管。塑料无处不在，只要你稍有留心，你就会感觉自己快被塑料包围了。打开冰箱，所有东西都用塑料包裹着。在你的食品柜里，情况可能也是一样。浴室里所有的洗发水、润肤露和沐浴露也都是塑料瓶包装的。

在全球范围内，只有 9% 的塑料被回收，这当中欧洲和中国的塑料回收处于领先地位。

好在一些国家也开始采取行动，美国和英国颁布了塑料微粒禁令，北欧实行“押金返还计划”。该计划向人们收取饮料瓶的押金，当饮料瓶被返还进行回收利用时，押金才会被退还。很多国家已经开始对一次性塑料袋收费，或者干脆禁止使用。

一次性塑料制品是最大的问题，这些只使用一次的东西，我们必须得想出办法进行回收。目前，我们只回收了三分之一的一次性塑料制品，这是一个还有明显改进空间的领域。

塑料瓶是可以开始着手的切入点，因为它们是在全球海滩清理中发现最多的物品，并且每年有数十亿计的塑料瓶被使用，大部分都没有被回收利用，而是被直接扔掉或者进了填埋场。只要带上自己的水杯，不再购买瓶装水，你就能为扭转塑料污染的势头出一份力。在外出时让别人把你的水杯添满可能会感觉很尴尬，但做一些小小的调查就能够让你更清楚在哪些地方你有权利接满自带的水杯。在一些地方饮水器已经开始回归了，在英国的一些城市，比如布里斯托的一些零售商、咖啡店和画廊已经开始了“可续水计划”，欢迎人们使用自己的水杯。参加计划的商铺窗户上都会贴有标志，你也可以通过下载应用软件来找到附近的饮水点。

除了养成携带水杯的习惯，还有一整套可以做的其他事情来减少塑料垃圾。

当你去商店时，请带上可重复使用的环保袋。

虽然一个塑料袋我们平均只使用 12 分钟，但一旦它进入海洋，就会成为一个长期问题。因为海龟等生物会误以为塑料袋是水母而将其吞进肚子里。在陆地，塑料袋也同样是一个棘手的问题，它们会堵住水管和下水道，让城市和乡村变得脏乱不堪。

第一时间减少零售塑料袋的数量，可以有效防止它们污染环境。试着养成带着手提袋离开家的习惯，将其折叠起来放进你的包里、手提箱或者外套口袋里，这样你永远也不需要在收银台前拿起塑料袋了。养成随身携带环保袋的习惯其实并不难。

当你在商店购物时，也可以尽力减少塑料的使用。你会买散装的蔬菜吗？从香蕉到牛油果再到苹果，很多食物本身都自带天然包装，所以避免那些有第二层不必要包装的食物，是减少塑料消耗的一个简单方法。还有尽量买那些包装更容易回收的产品。玻璃是一个很好的选择，因为它可以被熔化，并可以无限次地变成新的玻璃容器。所以要在玻璃瓶和塑料瓶装的油或花生酱之间作选择的话，请选择玻璃瓶罐。同样的道理也适用于米和意大利面，如果它们是用硬纸板包装的，那就选择硬纸板包装的产品，而不是塑料包装。因为前面已经提到，塑料的回收利用率很低。如果你想要重新燃起对烹饪的热爱，你可以选择那些装在罐头或者硬纸盒里的食材，少买一些装在塑料托盘和被保鲜膜裹着的即食食品。

你也可以对一次性吸管、搅拌棒和餐具等塑料制品说不。人们在扔掉塑料餐具前的平均使用时间

只有 3 分钟，如果中途叉子坏掉，使用时间甚至会更短。之后它们就被作为垃圾送进填埋场或垃圾堆，会在环境中继续存留几十年，所以请寻找可重复使用的替代品来代替这些塑料餐具，比如木头制成的叉子和勺子。当你不小心弄断木叉时，停下来问问自己为什么要如此匆忙地就餐。食物值得你花时间，你也应该值得拥有时间去享受它。

为避免使用一次性咖啡杯，携带一个可重复使用的杯子作为一个更可持续的选择吧。或者给自己一些时间坐进咖啡馆里，点一杯装在陶瓷杯里的上等咖啡，把手机、电子邮件暂时通通忘记，花上 20 分钟的时间去好好欣赏一下你周边的世界。

你可以选择用一杯带有吸管或搅拌棒的鸡尾酒来庆祝你的生日，但这些一次性物品会在你生日之后很长时间内依然顽强地存在于环境中。所以请告诉服务员你不需要吸管。

最后让我们来看看荧光粉，虽然它看起来很漂亮，但其本质就是一种塑料微粒。在派对或儿童艺术活动结束后，这些塑料微粒会进入地下或者被冲进下水道，与其他塑料一起流向地球的各个角落。

所以请拒绝使用荧光粉，并且去参加派对时，不送那种带有荧光粉包装的礼物。那些闪闪发光的东西在你打开包装时就会掉下来，这样你相当于同时也给地球送了一份小“礼物”。

塑料——物盛则衰？

今天这个时代，很难想象没有塑料的生活，但其实塑料的出现并没有那么久。第一批塑料，如酚醛树脂是在 100 多年前发明的。被广泛用于手提袋和其他包装材料的聚乙烯是在 20 世纪 30 年代英格兰诺斯维奇的一个实验室里偶然发明出来的，最早仅被用于军事领域，比如雷达电缆。

但在第二次世界大战之后，塑料的商用开始迅速增加。现在电视、玩具、保鲜食品包装、不易碎的瓶子、合成纤维制成的衣服、围栏还有花盆等，所有的东西都含有塑料成分。为人熟知的一次性塑料袋 1965 年在瑞典获得专利后，很快就在欧洲各地的商店普及开来。到 20 世纪 80 年代，塑料袋在全世界范围内普遍使用，取代了纸袋和布袋。

最新的统计表明自 20 世纪 50 年代以来，全球范围内生产了 80 多亿吨的塑料，其中大部分没有被回收利用，而是直接进了填埋场或者被丢弃在世界各地的土地和海洋中。来自美国加利福尼亚大学、佐治亚大学以及美国伍兹霍尔海洋教育协会的研究人员发现目前塑料生产总量中有一半是在 2000 年之后才生产出来的。

幸运的是，目前已经有一些国家开始转向反对使用塑料。

孟加拉国在 2002 年禁止使用塑料袋，因为塑料袋堵塞下水道导致洪水泛滥。卢旺达也在几年前实施了禁令，旅客携带的塑料袋会在机场被没收。

肯尼亚的屠宰场经常在牛的胃里发现塑料袋，这促使该国在 2017 年禁止使用塑料袋，而法国在 2016 年开始禁止使用一次性塑料袋，并在 2020 年停止使用塑料餐具。

哥斯达黎加也瞄准了更大范围内的一次性塑料制品，承诺到 2021 年，将成为世界上第一个制定“全面消除一次性塑料国家战略”的国家，并将在 6 个月内使用生物降解塑料取代一次性塑料。

印度的马哈拉施特拉邦和卡纳塔克邦等地已经出台了全面的塑料禁令，塑料袋、塑料勺等物品都被列入了禁止清单。

在一些国家你依然能够使用一次性塑料袋，但通常有收费机制来鼓励人们使用可重复的替代品。多亏了这种收费机制，爱尔兰和英国等地的塑料袋使用量大幅减少。2015 年 10 月英国出台了每个塑料袋收取 5 便士的规定，塑料袋的使用量减少了 85%。

对塑料饮料瓶或铝罐等可回收物品预先收取费用的押金返还计划使挪威和德国的这类物品回收率提高到了 90%以上。

我们可以回收塑料吗？

塑料在环境中不能像纸或者其他有机材料那样可以降解。虽然你可能只使用了几分钟，但它能够在自然环境中停留几百年。即使分解了也不会消失，只是变成了更小的塑料微粒。

因此，让塑料远离自然环境和进行再利用是必须要做的。相比原始材料，回收材料制造塑料消耗的能源要少得多，并且可以避免从地下开采更多的化石燃料。

塑料有很多不同类型，你经常可以在诸如酸奶盒之类的物品上看到由箭头组成的三角形标志，里面标有 1—7 的数字，还有塑料类型的首字母缩写。但有些物品由多种塑料制成，这使其更难回收。而且有时可回收的塑料还会被非塑料的材料污染。

塑料会在回收的过程中降级，所以不能无止境地循环利用。例如，一个塑料瓶可以循环利用 3—7 次，所以尽管它们依旧可以被重新制成新的塑料瓶，但通常会被制作成其他东西，比如抓绒物品、玩具或者花园桌，甚至制成在人行道与机动车道之间起分隔作用的隔离带。

塑料制品被收集起来，先按照不同种类分类后，再按不同颜色分类。之后这些塑料会被切碎、清洗、融化，最后变成可用来制造其他塑料物品的微塑料颗粒。

收集和回收塑料的流程并不是万无一失。比如用来盛放肉类的黑色塑料托盘经常会被分拣机漏掉，所以最好尽量避免使用。但回收塑料的出现意味着生产商不再过度依赖石油价格，因为油价波动会从最源头影响新塑料的生产成本。

生产商们一直被激励着使自己的产品包装尽可能地可回收，以解决塑料污染的问题，同时在生产中也增加使用再生塑料的比重。最近科学家们意外地培养出一种酶，并惊人地发现这种酶可以很好地消化 PET 一类通常用于制造饮料瓶的塑料，这项研究的结果来自英国朴茨茅斯大学和美国能源部国家可再生能源实验室领导的实验小组。在研究如何让细菌分解塑料作为其食物来源的一种天然酶的过程中，他们得到了一种更好的酶。这一发现为大幅度减少全球塑料垃圾提供了一个可能的解决方案。

无塑购物

走进随处可见的超市、药房或便利店，你会被塑料包装淹没。三明治、饮料、沙拉和蔬菜、洗发水、牙刷和厨房刷洗垫，这些商品包装都是用各种塑料制成的。但在一些地方，变革已经悄然发生。

2018 年 2 月，英国布里斯托的凯斯·摩尔在网上推出了“无塑商店”，出售各种各样的商品，如用羊毛制成的花园麻绳、丝瓜络清洁刷，网站上还有木牙刷、蜂蜡食品包装袋、纸质三明治袋和用旧报纸制成的花盆。

凯斯说她受到了身为环境保护摄影师哥哥的影响。她的哥哥曾在印尼考察海洋塑料污染的情况，震惊于自己的所见，从而引发了一场关于如何减少塑料使用的家庭讨论。

凯斯出售的物品非常个人化，主要是自己在家里会用到的东西，同时这些东西能使与自己和家人在生活方式上产生共鸣。她说，这样做并不仅仅是为了取代塑料，而是以一些简单的事情为开端，让这些事情慢慢地蓄积能量并最终改变人们的行为。

不只是网店在提供塑料替代品，其他正在重返前塑料时代的商店也在兴起。这里的产品就像几十年前那样装在货架上排列着的罐子里。这些商店不出售品牌产品，只出售香料、大米、意大利面和扁豆等各种食品，称重后，顾客将其装在自备的容器里带回家。

一些传统商店会提供某些品牌的清洁用品续装。甚至超市也开始支持顾客自带容器来购买某些食品，比如熟食柜台或者鱼类柜台。

2018 年初，阿姆斯特丹一家超市的无塑货架亮相，据说这是世界第一家无塑货架超市。这个无塑货架属于连锁超市 Ekoplaza 旗下的一家新开的试点分店，有 700 多种产品可供消费者选择，包括肉类、大米、酱料、乳制品、巧克力、谷类食品以及蔬菜水果。

该公司还在实验新的可降解生物材料，为塑料提供一种潜在的替代品，同时也使用玻璃、金属和纸板等传统材料作为包装，并正在将这一做法推广到其他分店。

SMALL ACT 8

用心购物

置办大件物品需三思

每天走过或者开车路过的商店橱窗里摆满琳琅满目的商品。除了服装店，还有家具店，这里有展示在陈列柜里的诱人的床和衣柜，能让你安心睡个好觉的床垫以及能够轻松躺进去的沙发；还有隔壁手机店里闪烁着的荧光屏以及各种各样吸引着你的优惠活动；另一边还有一家店就像是装满了手表和珠宝的阿拉丁的洞穴。

当你看电视时，每一个广告时段都像是商品的大游行，上网的时候，广告也会在每一个阅读页面的边缘闪烁。如果你恰好正在考虑要不要为客厅添置一台新电视，或者换一个新冰箱，你是否就会去点击那些链接？这些广告会在互联网上追着你，闪烁着价格标签请求你赶紧购买。

但当点进这些链接，浏览电视和冰箱这些大件商品时，你是否还仅仅只是在考虑款式、质量和价格？或许你会开始思考更重要的问题：一件电器或家具在生产和制造过程中或者甚至是你使用的方式，会对地球产生多大的影响？

因为我们买的每一样东西都会产生影响，包括生产过程和使用过程中所消耗的能源，再想想其原材料所来自的森林，以及制造过程中所需要的土地、水和其他各种资源。在我们购买食品、化妆品、家具以及衣服的时候多加思考，便可以让我们作出更明智、环保的选择，并能够帮助我们以更积极的方式利用我们的消费能力。

当涉及是否买一件塑料包装的食品或者是否在今晚的咖喱里放鸡肉时，我们可能已经会习惯性思考并作出对环境友好的决定。但当我们进行大宗采购时，所有的这些考虑都会被抛到脑后，我们唯一关注的问题是这些产品对于我们生活方式、家装风格以及我们的钱包会有什么影响。我们不会再停下来思考别的问题。

在购买大件商品前，第一个问题应该是“我需要它吗？”购买少量质量很好的衣服会比频繁购买廉价衣物对环境产生更小的影响。重质不重量的理念应用于饮食也非常好，那么对于大件商品来说，这样的理念和想法是否也适用呢？不可否认，消费可以让人兴奋，拥有一件东西会让人自我感觉良好，炫耀财富也会让人自觉成功。这些都会对我们产生强大的影响。但是家里另一个房间多购置的一台电视除了阻止一家人好好坐在一起聊天外，还能有其他什么用处吗？它会吞噬餐桌上的讨论吗？还是让人们把视线从亲人身上移开？抬头看看你的家，家里的科技产品、家具、装饰品、书籍以及其他所有的东西。可以问问自己，这其中有多少东西你如果不曾拥有其实也不影响你的生活质量？答案可能会让你自己大吃一惊。是否有更好的东西值得你花费自己的血汗钱，或者有没有什么事情让你更愿意花时间去做而不是购物，几个小时全部用于在不同的网站比价？这是一个在掏出信用卡之前有必要问自己的问题。

大多数人并不想要那种真正清苦的生活方式，我们也确实需要一些东西让我们生活得更愉悦和舒适。但我们可以做出更好的选择，以冰箱等电器为例，你可以通过冰箱上面的能源标签看到电器的能效如何。在欧洲，从电吹风、吸尘器到电视冰箱等各种家用电器都有要求其提高能效的法规，这帮助家庭减少了能源消耗并进一步节约了电费。英国政府的气候咨询机构气候变化委员会在 2017 年表示，由于使用了更节能的电器和照明设备，英国电力需求在 10 年内下降了 17%，显著节省了家庭开支。

虽然政府对家电能效有相关规定，但你仍然可以在不同产品当中做选择。当你购买一台新的冰箱、烤箱或者洗碗机时，先查看一下能效评级，选择在符合你的预算和偏好范围内有最高能效的产品。这不仅会减少你在能源使用和温室气体排放方面的影响，还会帮你节约开支，更向制造商和政府表明，人们希望获得最节能的产品。这有助于推进更好的设备技术创新和更高的能效标准的实行。如果你喜欢所购买的产品并上网发表评论，那么这样的信息会被自然放大。提及能源效率评级以及用其作为你选择产品的标准，不仅能向销售设备的公司提供反馈，也为正在阅读评论的其他潜在买家多提供了一个考虑因素，这可能会让他们也开始思考这一问题。

如果你努力寻找想要的东西而遍寻不到时，试着让产品商知道。例如，如果你想买一个浴室灯具或炊具罩，但它们都不带 LED 的灯泡，可以联系公司问问是什么原因。这样做可能会让他们之后提供这类产品配套。

购买新物品不可避免地会在环境中留下碳足迹，因为在其制造过程中需要消耗能源和资源，所以应尽量购买耐用的物品。拿衣服举例，看看哪些品牌的衣服在使用寿命、利用回收或使用可持续材料认证方面有较好的声誉，避免购买那些评论说很快就会坏掉的衣物。多花点钱买一些质量好的东西是绝对值得考虑的事情。

如果你需要购买现有物品的替换品，比如替换坏掉的洗衣机或旧沙发，也同样值得去了解一下这些公司是否有旧物回收的计划，是否会在出售新产品时把你现有的旧物带走并确保其能得到回收或再利用。

可以试着考虑一下践行重复使用的理念，而不是去买新产品。你可以去逛逛二手商店或者家庭拍卖集市，如果你找到的东西并不完好或有点破旧，也可以升级改造：用砂纸打磨一下，重新刷上一层漆，最后涂上清漆并抛光处理，或者更换布料，这样就可以把旧家具变得像新的一样。对于不是非常必要的东西，你也可以采取租用的方式。

当你决定购买新的大件或昂贵的物品时，如桌子或床，甚至哪怕是吉他，都可以寻找认证产品以

保证材料来源的可持续。不只是纸张和厕纸有 FSC 认证，木质产品也有，比如放在私人花园里的长椅或木质乐器。不可持续且非法的伐木会对森林造成破坏，进一步给在其中生活的野生动物带来负面影响。所以寻找有 FSC 认证的产品将保证你的木质家具或装饰没有破坏我们的地球环境。

而且 FSC 认证的木材用于大件产品，会比使用玻璃纤维等非木质替代品制造的好得多，比如小木棚。因为你会很清楚小木棚的原料来自可持续且管理良好的林场，并且在其生命的最后它又会分解成大地的肥料，不像玻璃纤维产品会留在环境中长达几百年。

你还可以为你人生中需要购买的一些有纪念意义的物品寻找认证产品。比如婚戒，你完全可以购买公平贸易的金戒指，这能够保证小规模金矿的工人在用水银提炼金子的过程中避免可能受到的伤害以及操作过程中的其他伤害，也能确保环境不会被水银和污水污染。目前可持续以及伦理珠宝只有很小的市场空间，但只有当我们开始追问珠宝商他们的产品来源时事情才会发生改变，这会让珠宝商明

白他们的消费者对产品的来源是有要求的。

大多数人都希望一生只用买一次婚戒，但对我们日常购买的东西，除了标签价格，了解背后的故事也非常重要。

所以当你在超市时，不要只看商品的包装，也要看包装材料里都包含了些什么。棕榈油是最常见的会对环境有巨大影响的产品之一。超市售卖的一半产品中都有这种植物油，从披萨的饼底、饼干、即时食品到洗发水、口红以及洗衣液里都含有它。作为全球性的大宗产品，棕榈油的崛起可谓一鸣惊人，从 20 世纪 60 年代的极低产量飙升至 2016 年全球年产量逾 6000 万吨。

约 85% 的棕榈油产自印度尼西亚和马来西亚，这两个国家大片的热带雨林被砍伐，为大片的棕榈种植园让路。

虽然棕榈种植园为当地人创造了一些工作机会，但它同时摧毁了那些没有明晰土地权属的本地社区，并且提供的工作条件也可能很糟糕。棕榈种植园还摧毁了自然资源丰富的热带雨林，排放了大量温室气体。因为当森林被砍伐或烧毁时，树木赖以生存的泥炭层会失水、干涸，甚至起火。

红毛猩猩有一张表情丰富的脸，它是人类的近亲之一，红毛猩猩的命运已经成为棕榈油生产破坏生态环境的典型案例。据科学家估计，1999—2015 年有 10 万只红毛猩猩因为伐木、毁林以及建造大规模的种植园而被杀害，这成为其种群急剧下降的重要原因之一。和红毛猩猩一样，其他野生动物也因为棕榈种植园的扩张而受到生存威胁。

所以看看你最喜欢的产品里都有些什么成分吧。对食物而言，发现产品成分相对容易，你也可以寻找可持续认证标志，比如可持续棕榈油圆桌会议认证（RSPO）。但如果你不知道经常购买的化妆品或者洗衣液里有什么成分，或者你想知道你经常购买产品的公司在棕榈油使用方面的更多事情，去主动联系他们并提出你的问题，告诉他们你想看到的行动。

因为无论你是在商店还是网上购物，也无论购买东西的大小，不论是口红还是羊排，吉他还是花园凉棚，冰箱还是电动汽车，你的消费方式都是非常有力的工具，改变你的消费方式会带来一系列的改变。

这种改变来自你购买的产品能够最大化地减少负面影响，来自你的环保选择鼓励了商业领导们在国家和全球层面的推动，你的选择撬动了权力的杠杆，使产品及营销方式更具可持续性，对人类和野生动物都更加友好。

你的钱也是你的力量，去好好地利用它。

升级改造：把旧门板改造成床头以及其他节约妙计

升级改造现在听起来像是非常时髦的事情，但其实重新赋予旧物生命却是自古以来就有的传统。从用粗麻袋的碎布拼接成的地毯到把旧门板改成餐桌，这是节俭或者收入紧张的人们多年来一直在做的事情。

旧物改造是很环保的一件事情。首先，它减少了你对新东西的需求，比起购买新桌椅或台灯，改造旧物产生的生态足迹更少，因为它节省了新物品制造和运输过程中所消耗的能源和资源。第二，通过循环利用可以避免物品被丢弃，从而减少浪费。而且通过创新你还可以为旧东西找到新用途，事实上，扔掉的旧物很难被回收利用。

同时这也是一个让自己变得更有创意和个性的机会，因为这意味着你不会和大多数人一样拥有同款家具、装饰画或装饰品。但并不是说你必须成为一个崭露头角的艺术家才能把旧物改造得更美。只要花点心思和时间，你就可以让一些平平无奇的旧物品看起来很不错。从自己创造的东西中获得的成就感也会比花钱买物品持久得多、大得多。

最棒的是，你并不是一个人在尝试，互联网上有很多如何升级椅子、破旧餐桌或旧玻璃瓶的点子。有些方法非常简单，比如为一张桌子涂上醒目的颜色组合，就可以让它从厨房角落不起眼的物件变成整个房间的亮点。雄心勃勃的人还会利用旧相框、包装纸以及收集的一些碎片来创作一件 3D 艺术品。还有各种各样的好主意，比如整理旧储物架和餐具柜，制作一个专门搁置龙虾锅的茶几，以及用复古手绢和旗帜制作窗帘。

进行旧物改造也能让你有更多的机会在旧货商店、房屋拍卖以及邻居处理旧物时淘到物美价廉的物品。虽然你可以在二手商品中找到和你的预期差不多的物品，但大多数时候会和你想要的有那么一些差距。如果你可以通过重新刷漆，铺上新的布料或精致的墙纸来改造一下，它们将会成为你独一无二的专属物件。

购买二手物品并精心打理它，也会让你在过程中有机会发现某件物品背后的故事和来历，比如一张贴在旧镜子背后的报纸可以告诉你它是何时何地而来的。这也显示了它不仅仅只是物品，同时也是一段人生。

让我们来聊一聊棕榈油

我们需要通过抵制棕榈油来拯救红毛猩猩吗？或者还应该做些什么？

从消费者的角度来看，从一开始就抵制棕榈油是非常困难的，因为超市里的近一半商品都含有棕榈油。而且它并不总能够被轻易发现。不过就跟很多事情一样，情况并不是非黑即白的。完全不使用棕榈油，特别是对企业实际上会弊大于利。

什么是棕榈油？棕榈油是从热带地区生长的棕榈树果子里提取出来的一种植物油。印度尼西亚和马来西亚的棕榈油产量占全球总产量的 85%。棕榈油受欢迎的原因在于其特性：它能在高温下保持稳定，没有气味，并且自身含有天然防腐剂可以延长商品的保质期。这些特性使得其用途广泛，许多商品中都有它的身影——从饼干到披萨面团，从人造奶油到肥皂，从洗发水到口红。作为一种经济作物，棕榈油是全球市场上非常重要的一种植物油，其每公顷土地的产油量比起其他油料作物高出 9 倍。所以简单地使用其他植物油代替，比如大豆油或椰子油反而可能导致世界上更多的森林或其他重要野生动物栖息地被摧毁，同时还可能对数十万依赖棕榈油摆脱贫困的农民造成伤害。

棕榈油也有可持续认证：可持续棕榈油圆桌会议认证（RSPO），这是由生产商、消费者团体、大买家（包括全球品牌和零售商）和民间组织共同参与的认证体系，他们共同努力制定和实施可持续生产棕榈油的全球标准。

虽然这一认证体系还不太完善，环保人士也发现一些经过 RSPO 认证的棕榈树种植园依然存在毁林建园和森林火灾等情况，但成立认证体系是朝着正确方向迈出的一大步。目前 RSPO 的标准是每五年进行一次审查，以确保更好地保护自然世界和种植棕榈林的社区。世界自然基金会认为，公司在产品中使用的棕榈油应该在 RSPO 认证的生产商处购买，并将其设立为最低标准，同时使用企业的影响力影响供应链的其他关键角色，包括产品生产商和其所在国家的政策，大家一起参与改善现状，才会使棕榈油的生产更加可持续。

同时，需要规定不能在富含泥炭的土壤上种植棕榈树，因为当其被开垦成供农业用地时，会释放出大量的碳。野生动物仍然需要在自然景观中存在，所以种植园之间的自然栖息地走廊带是非常重要的。

为了使棕榈油能被人类社会更可持续使用，生产商需要坚持为那些在田间的工人们提供良好的福利，不剥削劳工。棕榈油生产商还需要确保当地社区的权利，如土地所有权和其他需要被尊重的权利。

这些事情不仅需要公司来推动，消费者也可以在这方面作出自己的贡献。检查一下你购买的即食食品或润肤霜是哪家公司生产的，和他们取得联系并询问他们采取的行动，以确保他们产品中的棕榈油是可持续的。

有时候，一封礼貌的建议信就能改变一个公司的想法，并最终改变他们在这些事情上的行为。

从坦桑尼亚到单簧管：让音乐可持续起来

坦桑尼亚森林里的非洲猎犬和普罗科菲耶夫所作的《彼得和狼》交响乐里描绘的猫可能没有那么明显的联系。但与这部交响童话相关的是一种用于制造单簧管等乐器的热带硬木——非洲黑檀木，还有确保购买该木材制造的乐器能够支持资源的可持续利用和保障依赖此资源的社区居民的生计的努力。

坦桑尼亚的米欧波森林不像塞伦盖蒂或恩

戈罗恩戈罗火山口那么出名，但该国南部的自然荒野区内有大量的野生动物，比如大象和非洲鬣狗。鲁伍马河流域内的森林是一个受到石油、天然气和矿物勘探威胁的大型景观，在这里，非法伐木、小型采矿以及偷猎的问题泛滥成灾。

一项尝试支持林地社区能够进行可持续管理和砍伐非洲黑檀木的项目正在进行。世界自然基金会和本土机构黑檀木保护和发展计划（MCDI）一起共同支持这些林地社区，他们培训当地居民如何可持续地管理林地，同时根据村庄委员会的建议，增加对受威胁区域的监测和巡护，帮助减少这些区域非法伐木的发生。

当地居民需要从他们的森林中获得收入，而黑檀木保护和发展计划的目标就是为他们从林地获益创造更多的机会，村民们会得到技能培训，将当地的原始生产转化为商业交易，以改善他们的生活并鼓励他们继续保护森林。

十多年来，该组织一直致力于开拓由当地居民控制的森林企业进入国内和国际市场销售可持续硬木木材的途径，包括帮助村民们获得森林管理委员会（FSC）对这种可用于制造家具、乐器和地板的木材的认证。

还有一些挑战需要应对，包括使认证产品的溢价成为现实，找到市场并将产品运出偏远地区。虽然这些地区的基础设施目前还十分有限，但人们仍在积极努力着。

一家名为 Sound and Fair 的社会企业正在帮助这些通过认证且符合商业伦理的黑檀木寻找市场。该公司此前为欧盟和美国的单簧管、双簧管和风笛乐器制造商供应木材。公司同时还在当地开设了一家锯木厂，以加工非洲黑檀木和其他森林硬木品种，这些木材也可以用于吉他等其他产品。

利润最终会返回到村民手中，他们可以把钱花在自己想要和需要的东西上，比如修建学校和挖掘水井，以及提供医疗保健。

这背后的理念是使本地社区居民能够受益于可持续管理的森林，认识到可持续森林的价值从而进行保护。而远在千里之外演奏乐器的人也可以知道他们在音乐创作时不会无意中破坏自然环境。

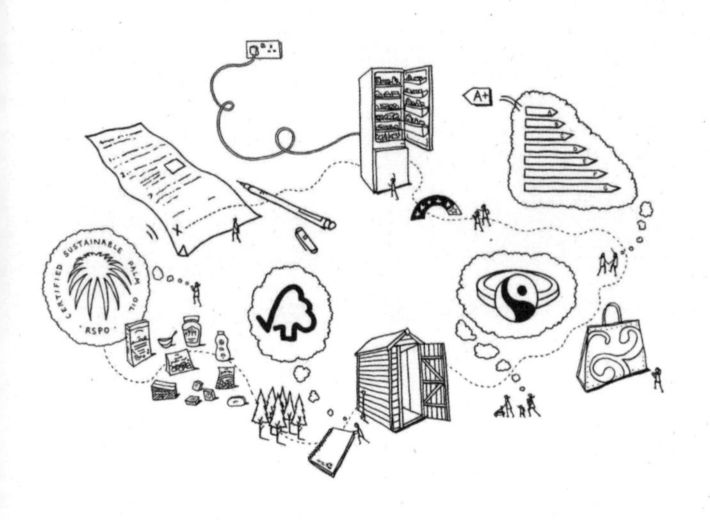

SMALL ACT

9

盆栽的潜力

用盆栽植物净化
家里和办公室的空气

在办公室度过漫长一天后的你回到家，从车道走向家门的时候，在前庭花园或者就在你家门口、阳台或窗台上有花正生机勃勃地开放着，花朵在微风中摇曳，与你家的车道或墙体颜色形成鲜明的色彩对比或者透出别样的平淡色调。在附近的树上，鸟儿唱着歌，用美妙丰富的音符来标示它的家。

这些花的盛开会让你尤其开心，因为你花了很多时间去选择品种，培育种子，或者购买了幼株来种植，希望它们能够顺利生长。你将它们栽种到花盆里，土壤干了就浇水，还会用棍子和绳子来做固定。鲜花不仅为你盛开着，连昆虫也能从中受益，蜘蛛在上面织网，它的丝线能捕捉到夕阳，一只蜜蜂或者飞蝇嗡嗡地落在花瓣上，还有那只会唱歌的鸟——昆虫可能是它的晚餐。

下雨的时候，雨水会落在水泥地、车道和人行道上，一些雨水会被花盆接住并被植物吸收。一些有水坑的地方，如果下大雨、下水道堵塞或者雨水没法浸入土地时，积水很快会变得很深。花盆就像一个小小的绿洲，叶子在雨滴下闪着绿光，让城市的呼吸都变得轻松了一些。

人们倾向于把自己的家、花园或阳台当作一个避风港，一个世界海洋中的私人小岛，在那里人们可以暂时逃离让人疲惫的社交，只做自己和过自己的生活。但除非独自生活在一个遥远的岛屿上，或者生活在荒野或乡村，否则人们并不能像想象中那样完全独立于世。你可以在家里做一些事情，比如节约能源和水，或者改变自己的饮食节惯，在个人层面作出努力的同时如果能够带动更多的人参与那将会形成更大的贡献。当然你也可以在家里做一些其他的事情来改善周围的环境，也许还能让你自己的生活变得更好。

把花盆放在你的门前或车道上。如果你住在城市并有一个花园，或者前庭院子，任何能让这些区域变得更葱郁的事情都能帮助你改善局部的小气候。绿植还可以调节城市的气温，因为城市面临着越来越热的威胁，相比起有草有树的绿色区域，黑色的路面会吸收更多的热量。这造成了城市的热岛效应，让城镇的热浪更加的严重，同时因为全球变暖，这样的情况还会继续恶化下去，让人们的生活可能变得非常不适甚至对生命造成威胁。据估计，

2003 年席卷欧洲的热浪造成了数万人的死亡，其中法国最为严重。树木和其他植物能够帮助建筑和街道降温，并减少二氧化碳含量。房屋周边的树木、篱笆和攀缘植物能够起到挡风作用，让家在冬天时候更加温暖。

城市里的绿化同时还能帮助减少洪灾的发生，因为短时期大量的降雨会让水流不能及时排走，下水道会因此过载，因为雨水无法浸入大面积的水泥或沥青路面。树木和灌丛首先可以通过叶子截留一部分雨水，降低雨水落到地面的速度，同时地面上的绿植能够让水充分渗进土壤，而不是让其在地表流淌形成洪水。

较多的树木和植物也能够改善当地的空气质量，降低污染，还能减少噪音，因此，它们就像城市的肺一样。当然，野生动物也会受益于你院子里葱郁的植物和柔软湿润的土壤，不论是鸟儿从地里找虫子吃，还是昆虫、蜜蜂等其他生物在其中找到隐蔽处和巢穴。

虽然我们通常认为大自然距离我们很遥远，但有一些动植物在自己家门前又何尝不是一件好事情？我们已经知道在森林里待一段时间可以提升身心健康，舒缓压力，这同样也适用于城镇和城市。根据英国皇家园艺学会的研究，有三分之二的人认为街边种植的植物会让他们感觉到更开心，五分之三的人会感觉到更健康，同时大部分人都会感觉到这些绿化区域让他们心情更平静。但是，在英国现在有超过四分之一的前庭花园全部进行了硬化，是十年前的 3 倍，并且有 500 万个庭院没有种植任何植物。

虽然很多人把前庭花园当作车道，但其实并不需要这么多的空间来停车，只需要留出两条小道供汽车轮胎驶入就行了。其余的地方可以用一些低矮的植物覆盖，或者留下碎石上的杂草。即便你房前屋后的院子里有大片的草地，你也可以多采取一些行动来为野生动物创造更好的栖息环境。野生动物喜欢杂乱的地方，通常是落叶堆、柴堆、昆虫获得花粉和花蜜的野花，还有灌丛和树木。所以可以放轻松，你的花园不需要看起来和时尚杂志上的一样。如果有人批评你，你可以说这是为野生动物做的园艺。

试着种植一些能吸引野生动物的植物，比如能吸引蜜蜂等传粉昆虫的鲜花，这些传粉昆虫在世界上的很多地方都在减少。2017 年，德国科学家发现，保护区内的飞虫数量在 30 年间减少了 75%，这意味着普通城市或农业区域的飞虫种群数量可能会更糟。

花园可以为被迫离开农业区域的野生动物提供一个避难所。杀虫剂是影响昆虫种群数量的因素之一，所以尽量避免使用化学品，即使这意味着你可能会遇到一些害虫。如果你无法忍受心爱的植物被啃噬，可以试着用其他方法来消灭蛞蝓、蜗牛等害虫，还可以用咖啡渣诱杀蟑螂，或者吸引其他野生动物比如鸟类进入你的花园，让它们以你讨厌的害虫为食。你的花园可能还是刺猬的避难所，在英国，刺猬在城市的生活状况比农村好得多，它们会帮助你吃掉蛞蝓。只要确保你的篱笆上有洞，它们就能进出。还有一点是选择泥炭堆肥的替代品，因为你不会希望你花园中美丽的空间是依靠挖掘泥炭地产品维持的，泥炭地是储蓄碳和支持野生动物的重要栖息地。

不管你是有一个大花园，或只是一个小窗台，如果有空间，都可以尝试种植自己的香草、蔬菜甚至水果。如果你正在尝试食在当季并且很重视你的食物新鲜度，那在你后院成熟的食物会比其他任何购买的都来得更当季，而且所需的空间比你想象的要小得多。大多数阳光充足的窗台上都可以有放置罗勒或者辣椒的空间，你也只需要一个袋子或罐子就能培育土豆或西红柿。自己种蔬菜确实比较花时

间，但没有什么比吃到自己种植的蔬菜更让人开心的事情了，不仅是因为更新鲜可口，更是因为你清楚地知道它是如何被生产出来的，并且从植物到餐桌的整个食物旅程只有几米远。

你甚至可以用你自己剩下的食物，连同着修剪下来的草和一些植物剪枝一起堆肥制造属于自己花园的肥料。堆肥是一门艺术，利用自己的堆肥来滋养花园或者花盆里的植物是多么令人开心的一件事情。

不只是你自己的剩饭剩菜可以被循环使用。在家里，你还会产生相当数量的生活垃圾，所以归类设置好你的垃圾桶，让可回收物和普通垃圾能够轻易地被投放进专门的垃圾桶，并养成习惯。确保你清楚地知道当地都会回收哪些东西，在哪里回收以及如何提高回收利用效率。例如，在把家用清洁剂扔进回收站之前，你需要先把喷雾泵里的液体清理干净。本地政府收集到的可回收材料越多，赚到的钱也会越多，这对每个人的钱包都有好处，而不仅仅是地球，这同时还减少了被焚烧或者送去填埋场的垃圾数量。

你还可以确保任何不能回收的东西被负责任地处理掉。非法倾倒在很多地方都是一个大问题，很多被扔掉的都只是家庭不想要的东西而不是真正的废品。重要的一点是你要确保拿走这些东西的人会把它们带到一个适当的地方并以合法和负责任的方式处理掉，不管东西是家具、电器、碎石还是旧篱笆。

做好以上这些事情之后，你就可以安心回到自己的家和花园，花时间让它们变得美丽而环保，不用担心你不经意间破坏了社区环境。当涉及保护自然时，总是需要时间。诗人威廉·布莱克说："创造一朵小花是一个时代的劳动。"的确，种植东西需要时间。但对你和你周围的人来说，这些时间值得付出。

城市的绿色之心

1980 年，最后一列货运列车在美国纽约西区的高架铁路上运行。这条线路年久失修，有人提议将它拆除。但大自然已经和这条线路融为一体，被其野性之美所感染，约书亚·大卫和罗伯特·哈蒙德成立了“高铁线之友”，呼吁将其作为一个公共公园来保护。

高铁线的第一部分于 2009 年开通，是一条 2.4 公里长的绿道，穿过了纽约的各个街区。老货运铁路沿线种植着数百种树木、植物和灌丛，从山茱萸、冬青到木兰，还有各种草和花，这些植物都有一定的耐寒性和稳定性，更重要的是它们都是本地物种。

高铁线在曼哈顿创造出了一个线形的公园，人们可以在这里散步、小坐、看表演、观赏艺术、吃东西甚至还可以跳舞。对其他城市来说，这是一个通过修复老工业基础设施来创造绿色城市生活的典范。

近年来，英国伦敦也一直在创造新建筑间的绿色空间，具体呈现的形式是超过 100 个的新式袖珍公园。一块块类似补丁的土地已经变成了新的空间，比如道路尽头的雨水花园以及公交车站旁生机勃勃的小块土地。

最近一些规模更大的绿色项目将伦敦的水库开放成为公共自然保护区，其中包括位于伦敦东北部的沃尔瑟姆斯托湿地，这里是英国远离海岸的最大的鸬鹚聚居地。

现在的伦敦，树几乎和人一样多，也是14 000多种野生动物的家园，并且绿色空间的面积约占国土面积的一半。2019年伦敦宣布成为世界上第一个国家公园城市，伦敦变得更环保、野性和健康。

在意大利米兰，一种更加彻底的方式将绿色环保带到了新的高度。“垂直森林”是斯特凡诺·博埃里建筑事务所（Stefano Boeri Architetti）的建筑师们的创意，由意大利城区的两座住宅塔组成。它们是不同的塔式建筑，有数百棵树生长在建筑一侧的平台上，还有数千棵灌木和植物从阳台的另一侧延伸出来。

该计划创造出了一个生机勃勃的绿色塔式建筑，其目的是给鸟类和昆虫创造一片栖息地，同时吸收空气中的二氧化碳和灰尘污染，并为居民提供乘凉的地方，同时免受噪声污染。

这样的创意在中国柳州市的城市规划中得到了进一步的扩展。“柳州森林城市”位于柳州北部，是世界上第一个森林城市。新建项目能容纳约 3 万居民。这里的房屋会被各种各样的植物环绕，从而改善空气质量，降低城市热岛效应的平均温度，隔绝噪声，增加生物多样性。

现代化生活与未来的智能家居

我们对地球的影响越来越多地发生在家庭中，发生在房间、车道和花园里，智能家居将会真正地改变我们的生活。

外观上，房子不一定需要看起来很高科技，但我们需要迈出“智能”的步伐以跟上快速变化的世界。其中可以包括绿色屋顶，目的是帮助吸收更多的极端降雨，并为城市地区降温。

我们可以在地面上铺设可渗透的地砖和重视带有小洼地或小沟的区域，在洼地和沟里种上植物可以减缓水流速度。车道和人行便道的照明都可以用太阳能灯。

还可以在房屋上安装太阳能电池板，不过在屋顶安装笨重的电池板已经有点过时了。现在的太阳能板外观上可以与瓷砖媲美，你甚至可以直接用赤陶风格的太阳能瓷砖来替代太阳能电池板。

太阳能电池板是构成智能能源家庭核心的三大技术之一，此外还有锅炉大小的家庭电池组和电动汽车。房屋可以通过太阳能板发电，并且将暂时不需要用到的多余电量通过给电池组和电动汽车充电储存起来。

如果是新建的房屋，一般能效利用率都相对较高，因为有隔热的墙壁和屋顶以及三层玻璃窗以保持所需的热量或散发不必要的热量。被动式住宅起源于20世纪90年代的德国，这类住宅使用超厚的绝缘材料和复杂的门窗设计，达到高效的保温隔热性能，减少或不使用主动供应的能源。

智能技术也很可能让我们能在未来更加便利地控制家里的加热和照明。现在，在下班回家途中打开暖气已经成为可能，并且还可以为家里的每个房间设定空调时间，这样就可以让卧室相对凉爽而客厅更温暖。自动技术能在你进入和离开房间的时候自动打开和关闭照明设施，有助于减少水资源和能源的浪费，比如打肥皂的时候，水龙头会自动关闭，或者淋浴时在水还没有加热的时候限制水流大小。

远程技术可以让你通过手机上的应用程序遥控打开洗衣机或洗碗机，这可以帮你节省开销。高峰时期的电价可以激励你在上班之前让一切智能设备处于待机状态，然后在电力需求和价格较低的时候让机器运转起来。

在英国，世界自然基金会与英国国家电网以及环境保护基金合作，为应用程序生成相关数据来提前告诉人们是否将会有大量可再生能源上线。例如，如果即将迎来刮风的日子，到时候人们就可以让电器运转起来，充分地利用这一波可再生能源。

家用电器也可以通过智能电表连接到公共电网上，这样可以让家用电器暂时断电几分钟以帮助缓解用电高峰。当电视里的体育比赛中场休息或者皇家婚礼结束的时候，大家通常会起身泡一杯茶或者打开冰箱拿一罐冷饮，这种情况下的电力激增影响可以通过使冰箱断电几分钟来控制，这样做不会导致食物变质但却有助于平衡电力供需。

我的旧玻璃瓶和其他垃圾都去哪里了?

近年来，回收利用所涉及的物品种类变得更加广泛和全面，许多家庭常用物品现在都是可回收的。

首先最好是尽可能地减少你产生的生活垃圾，然后做到重复使用。比如，当你吃完罐子里的果酱后，你可以将罐子清洗出来用于盛装其他物品。个人通常很难处理大量的瓶瓶罐罐和其他容器，所以回收是减少所有这些东西影响环境的一种方法。

虽然回收塑料的数量是有限的，但回收总

好过将它们统统扔进垃圾桶。纺织物也是如此，可以被回收利用，被再制造成诸如床垫填充物以及绝缘材料的任何东西。卡片和纸张，包括报纸、杂志、垃圾邮件、传单和信封等，都能被制造成新的纸和各种纸制品。

一些东西可以被无限循环利用。比如铝罐和铝箔可以无限地回收利用，而且这样做只消耗 5% 的能源，产生的温室气体排放也仅为寻找新原料所需排放的 5%。根据“即刻回收”倡导项目的数据显示，回收一个饮料瓶节省的能源足以为一台电视供电 4 小时。

用于食品罐头的钢也是如此。在回收过程中，钢和铝会被磁铁分开，因为磁铁只能吸附钢。随后这两种材料被切碎、加热和融化，就又可以制成新的铁罐和铝罐了。

玻璃也是可以无限回收利用的，透明的食品罐、绿色的酒瓶和其他各种颜色的玻璃都得到了回收处理。它们会被分类成不同的颜色，但即便混合在一起，也没有什么大影响。比如从家里收集以及运输的过程中被打碎混在一起，那么加工制造出来的玻璃会变成棕色。这种颜色对于啤酒瓶来说再完美不过。

电器和电子产品你可能会认为不可回收，但手机等物品中可能含有锌、铂、钯甚至黄金等金属。这些回收的金属用途十分广泛，从防锈涂料到制造珠宝的原材料都可见它们的身影。从旧电子产品和割草机等物品中分解下来的塑料也可以分类再利用，比如用于制造汽车保险杠、乐器等产品。电池中的材料也可以回收再利用。一个无法再熨烫衣物的旧熨斗可以被回收利用，制造出 13 个铁罐。

WILD
FLOWER

SMALL ACT

10

沙滩上的生态足迹
降低你的假期消耗

试想一下假期出行前的常见场景：如果你要出国，检查一下你的护照，拿起手提箱，锁好房门，然后搭上一辆出租车、汽车或者火车去机场。

在机场办理登机手续时，你常常需要绕过那些被允许推着笨重行李手推车的孩子。然后是手提行李的液体限制，脱下鞋子、手表、皮带和外套通过安检，再试着找到登机口的位置，看看自己是否需要搭车才能到达。

到达登机口还会再排一次队，最后终于走下斜坡到飞机上……或许还需要乘坐一辆摆渡车沿着跑道开一段距离才能到达。

登机后，头顶上的行李架混乱不堪，乘客堵塞着通道在座位上进进出出。

最后每个人都做好准备，空乘人员进行安全演示，机长告诉你飞行时间，飞机滑行到跑道的尽头。你终于踏上了假期旅程。

但乘坐飞机是一个人所做的对气候污染“贡献”最大的事情之一。所以，也许是时候考虑一下尽可能少消耗地球资源的假期了，把飞机换成另一种交通工具——比如火车或轮船，或两者兼而有之；又或者改变目的地，这样你就不需要乘坐飞机了。

不同的旅行方式各有各的好处。

即便只是一次单程的飞行都会拉高你的年度碳排放足迹。从全球来看，航空业占全球碳排放总量的 2% 左右，这听起来并不算多，但有几件事需要明白。首先这个数字只包括二氧化碳，而不是飞机排放的所有对气候有影响的气体，比如水蒸气其实也是一种温室气体。一旦你把这些因素考虑进去，飞机的实际影响至少是其二氧化碳造成的影响的两倍。随着世界各国在能源和道路运输等其他领域采取减少温室气体排放的措施，航空业所受到的关注势必会增加。最后，如果我们要实现《巴黎协定》中将气温升幅控制在远低于 2℃的目标，那么我们必须削减几乎所有的温室气体排放。

应对气候变化的《巴黎协定》并不直接涵盖国际航空业，但国际民用航空组织（ICAO）框架下的国家已经达成协议来共同解决这个问题。这实质上是一项“抵消”协议，旨在将国际航班的碳排放限制在 2020 年的水平。

这意味着航空公司将不得不购买其他产业能够减少污染的许可证，以抵消 2020 年平均水平以上的排放量，例如资助风力发电场。而购买许可证的费用可能会转嫁到乘客身上。

人们也正在努力让航空旅行变得更加低碳环保。从石油中提取的航空燃料可以用从植物或有机废物中提取的燃料替代，并且与传统燃料相比，其中的一些燃料具有碳储存的功能。不过问题是，生产这些以植物为基础的生物燃料可能会对气候产生各种其他的负面影响，因此这种方式不仅无法真正解决问题，还有可能使问题变得更糟。比如，如果一家航空公司使用由棕榈油制成的生物燃料，而这些棕榈油是从砍伐雨林和干涸泥炭土壤的种植园中生产出来的，那么实际上碳排放的问题就被转移到其他地方去了，而没有真正得到解决。

另一种正在探索的替代方案是电动飞机，和电动车一样，电动飞机使用电池组来代替航空燃料。如果给电池组充电的电力来自风能等低碳能源，那么这些航班无疑就是绿色航班了。美国莱特电气公司正在与世界各地的几家航空公司合作，努力开发可以由电池供电的商用飞机。这种飞机预计将在十年内投入使用，但它们可能无法取代长途航班，而目前短途航班已经有了很好的替代方案，比如大多数情况下可以用火车、渡轮来替代。

除非我们取得重大的技术突破，比如一架飞机可以乘载数百名乘客飞往地球另一端而不产生任何排放，否则减少飞行中碳排放的最佳方法就是减少飞行次数。如果你要去度假，不妨考虑下利用其他交通方式到达目的地。

这其实并没有想象的那么难。目前即使不是去很远的地方，大多数人可能也会选择坐飞机，因为这似乎是最快最直接的方式。但是考虑到去往离城镇几千米外的机场所需要的时间，等待航班和行李以及接续行程，实际上你要花一天的时间才能到达目的地。所以当你想“噢，我不可能坐火车去，那得花好几个小时”，请记住，和机场不一样，火车站通常在市中心，所以坐火车可能比坐飞机还省时高效。

就算目的地非常遥远，你不妨把路途当作假期的一部分，去拥抱慢旅行的方式。我们过着紧张忙碌的生活，总是需要几天的假期来放松自己，所以为什么不分配一些时间在旅途上呢？在火车或者轮船上花上几个小时，看看窗外或甲板上世界的变化，让你有时间放松自己。它甚至可以让你产生更大的期待，给你一种更大的冒险感，而不仅仅只是抵达一个看起来和其他机场没有什么区别的喧嚣之地。

你甚至可以把你的整个假期变成一场旅途，从一个地方旅行到另一个地方。进行长距离的徒步，骑自行车从一个城镇到另一个城镇，或者坐火车横跨一个大陆。

如果你真的需要坐飞机，还是有办法抵消你

的碳排放的，最好的做法就是申请黄金标准计划的信用额度，该计划可以确保你支付的钱用于促进减排，以补偿坐飞机造成的碳排放。黄金标准计划不仅仅是为了减少碳排放，它还旨在改善人们的生活，并确保你购买的补偿项目不会产生任何负面的社会或环境影响。但你如果能够做到不飞行就更好了，避免 1 吨碳的排放比抵消 1 吨碳要好得多。

你的假期也可以以保护地球环境的方式度过。你有没有想过给自己一个志愿者假期，参加一些环保的活动？你不必去偏远的热带雨林来帮助大自然，或许你可以在离家更近的地方做一些事情。假期是用来放松、减压和享受周围环境的。在自然世界，无论是在森林、公园或花园，你都能从中得到许多对健康有益的东西，比如缓解压力。如果你没有那么多预算去度假，又不想去太远的地方，那么志愿活动是一个很合适的选择。

即使你没有选择一个以自然为主题的假期，也不要在离开的时候忘记我们的星球。你仍然可以做所有你之前在家里会做的事情，从离开房间时关掉灯到不浪费水。在一些地方，这些习惯比在家里更重要。比如，如果你在一个炎热干燥的地方，水资源可能会很稀缺。

在世界上许多地方，旅游业对当地社区确实很重要，但它也会产生负面影响，从过度使用水资源到过低的员工工资。所以，当你寻找旅游住处时，考虑一下待在当地人能够直接获得收入，并且不会留下太多生态足迹的地方。有些地方可能有生态旅馆，或者你可以选择在当地家庭寄宿，这些地方可能比一个没有人情味的大酒店更有价值。

类似观看野生动物这样的旅游活动对当地社区和保护濒危动物来说也是一件好事。游客前来观赏野生动物可以为生活在该地区的人们提供工作和收入，意味着当地人可以从保护野生动物中受益。这对于确保保护濒危物种的努力能够长期持续是非常重要的。比如，在一只山地大猩猩的一生中，人们去野外看它可以间接产生 250 万英镑的旅游收入，这些资金帮助卢旺达和乌干达政府转变了对待濒危动物的态度。但野生动物与人类的互动仍存在风险。例如，如果游客与动物之间的互动不够谨慎，那么山地大猩猩会被人传染疾病，或者游客的出现会打扰到它们。如果你打算去看野生动物，试着事先做一些调查，这样你就能确定你的活动对你想去看的动物是有益而不是有害的。

购买任何纪念品都要小心，因为它们有可能是动植物制品。目前国家之间试图通过禁止或者限制稀有和濒危物种及其身体部分的国际贸易，

这被称为濒危野生动植物种国际贸易公约（The Coventional on International Trade in Endangered Species of Wild Fauna and Flora），这个名字有点长，所以该公约往往也被简称为 CITES。

各个国家也有自己的法律，有些甚至比 CITES 更严格。英国法律规定，除非你持有有效的 CITES 许可证，否则将濒危动植物及其制品带入英国是违法的，即便这些制品在海外属于公开出售，只要带入就属违法。这些物品包括象牙、贝壳、美洲虎虎牙、爬行动物的皮、鱼子酱以及可能含有虎骨等动物成分的传统药物。许多你可能没有意识到的濒危物种也受到保护，比如兰花、仙人掌，甚至某些种类的木材。

所以，记得问清楚想购买的纪念品是由什么制成的，从哪里来，在你所在的国家销售和出口是否合法以及你是否需要许可证才能把它们带回家，这些都非常重要。如果觉得太麻烦，不妨买一张明信片替代纪念品。你的消费方式对世界上一些面临威胁的野生动物有很大的影响。

全体上车！世界火车之旅

很多人都听说过东方快车和加拿大的落基山登山者号，因为它们是世界上最著名的火车旅游专线。但有多少人知道，从伦敦坐一天火车到意大利，在巴黎午餐，到都灵晚餐，这样的旅程既方便又实惠？

或者如果你坐飞机去了很远的地方，一旦到达再转乘火车旅行并不难，没必要坐短途飞机去增加你的碳足迹。待在地面，你可以从火车、公共汽车和渡轮上真正体验到当地的风土人情，甚至还会遇到一些当地人，与他们分享你的午餐。

世界各地的火车线路、售票处和车站小吃摊也可以成为假期探险的一部分，这是乘坐出租车去机场和其他游客一起排队所不能体验到的。

2001 年，英国职业铁路工人马克·史密斯发现人们需要有关用火车旅行替代飞机旅行的信息，于是创建了 Seat 61 网站。他发现人们最常搜索的是从英国到意大利的往返路线，其次是西班牙等其他热门度假目的地的相关信息。

除了减少旅行中的碳排放，马克认为火车旅行也可以成为假期体验的一部分。火车旅行本身甚至可以成为一个亮点，帮助人们从“旅游泡沫”中解脱出来。

欧洲一些很棒的火车旅行路线包括从伦敦到威廉堡的专线，可以欣赏到苏格兰高地的迷人景色；窄轨贝尔尼纳快车拥有可以看到瑞士阿尔卑斯山的全景车厢，无论冬夏均可观赏；从贝尔格莱德到巴尔的旅程穿越了黑山遥远崎岖的山脉，并且还有沿着莱茵河缓慢而下的路线。

在越南，从河内乘火车到西贡或岘港，你会沿着该国的海岸线穿过城镇和乡村。你还可以乘坐西伯利亚大铁路在俄罗斯全境旅行，而印度的火车旅行则是外国游客真正体验当地文化的一部分。

到新西兰的游客可以从奥克兰旅行到北岛的惠灵顿，也可以从克赖斯特彻奇穿越南阿尔卑斯山到格雷茅斯。在北美，你可以乘坐火车穿越美国和加拿大。

这样的旅行可以让你看到沿途风景以及有更多机会与当地人交谈，而且通常有舒适的座位和餐车，也不会有时差。好处多多，并且你还不会遇到机场安检的麻烦。

处境堪忧的世界遗产

地球是一个美丽的世界，但其中一些最特别的地方正处于危难之中。这当中包括我们自己的建筑遗产，以及许多其他的世界遗产，如运河穿越其中的中世纪城市威尼斯，位于苏格兰偏远的奥克尼岛上的新石器时代遗址遗迹，纽约的自由女神像，这些都受到了气候变化的威胁。上升的海平面和频繁发生的暴风雨使这些世界遗产面临着越来越大的破坏以及损毁的风险。

一些著名的自然遗产也处于危险之中，这

不只是气候变化的原因，还因为地面的工业活动，如伐木、采矿和石油钻探。甚至包括旅游业，如果管理不善，也会对人们想去的地方造成伤害。

世界自然遗产不只是一个美丽的景点，它们还是当地人的家园，人们依靠其获得食物、燃料和其他资源，它们可以提供清洁的水和防洪保护，也是旅游和娱乐就业人群赖以生存的基础。

如今，很多自然遗产都面临威胁，比如苏门答腊岛热带雨林，这里是红毛猩猩和苏门答腊虎等许多野生动物的家园，但却面临着交通建设发展的威胁，因为道路设施的完善将为非法采伐和小规模采矿提供便利。

在马达加斯加，由其岛屿东部六个国家公园组成的阿钦安阿纳热带雨林里生活着包括狐猴在内的许多珍稀濒危物种，而它们正面临着非法砍伐和毁林的威胁。

刚果民主共和国的维龙加国家公园也面临着石油勘探带来的风险。维龙加国家公园的景观包括了从沼泽到火山顶峰等各种地貌，是包括山地大猩猩和 2 万只河马在内的许多野生动物的家园。

管理世界自然遗产有很多成功的案例，它们展示了如何通过科学管理来支持当地社区和保护野生动物，并吸引游客。

菲律宾的图巴塔哈珊瑚礁正在遭受破坏性操作的伤害，比如炸鱼，好在政府及时介入设立了禁渔区。这项措施让禁渔区内的鱼类资源得以恢复，增加了周围地区的渔获量，并鼓励渔民使用可持续的捕鱼作业方法。参观珊瑚礁的游客数量增加了两倍，还为当地带来了投资资金。

在尼泊尔，1973 年奇特旺国家公园的建立引发了其与当地社区的冲突，这些社区居民被迫迁出国家公园，失去了他们赖以生存的土地和森林资源。1996 年，政府设立了一个可容纳 30 万人居住的缓冲区，在这里政府和居民共同管理缓冲区的自然资源。作为这项工作的一部分，森林被移交给社区管理，其中一部分区域向游客开放，为当地居民带来了可观收入。

尼泊尔奇特旺国家公园是亚洲独角犀牛的家园，还是为数不多的孟加拉虎除印度外的据点。每年能够吸引成千上万的游客前来，全年旅游收入的一半由缓冲区的社区获得。这些资金被投资于建设公共项目以减少社区使用森林资源带来的压力，如学校和新能源项目。随着森林资源使用压力的减少，再加上合理科学的管理和保护工作，公园内和周围的犀牛、老虎、鳄鱼和大象的数量得以增加。

象牙在大象身上才好看

大象是撒哈拉以南非洲地区的代表性野生动物之一，在塑造地貌、帮助植物生长和森林再生方面发挥着重要的生态功能，同时为其他野生动物的生活提供了相应的资源。它们对游客有很大的吸引力，可以成为当地社区收入的一个重要来源。但因为人类对象牙的需求，它们面临着被盗猎的危机。

每年大约有 2 万头非洲象被偷猎者杀害，平均每天 55 头，相当于每 26 分钟我们就会失去一头大象。

据估计，目前非洲约有 41.5 万头大象，但盗猎大象的数量已经超过了其出生数量，这对大象的未来生存构成了严重威胁。过去十年，非洲中部地区，包括坦桑尼亚和莫桑比克的大象种群数量大幅度下降。

尽管国际上禁止象牙贸易，但作为价值数十亿美元的非法野生动物贸易的一部分，象牙被走私出非洲，主要运往亚洲，在那里象牙被雕刻成珠宝和装饰品供消费者购买。通过冒充合法商品，犯罪分子能够有效地“洗白”非法象牙，从而刺激了对象牙的进一步需求，继而引发了对大象的盗猎。

一些国家正在采取行动，收紧对象牙贸易的规定。美国在 2016 年 7 月颁布了一项近乎全面的禁令；2018 年 1 月，中国颁布了国内象牙贸易禁令，此举被誉为彻底改变了象牙贸易的游戏规则。世界上其他国家和地区也在效仿，比如英国正计划实施全球最严格的象牙禁令。

其他国家也正在被敦促关闭其国内的象牙市场，以确保问题不会转移到其他国家，包括老挝、缅甸、泰国和越南。因为这些国家的象牙贸易仍然合法。禁止象牙销售的法律也必须得到适当的执行。

在非洲和亚洲，保护野生大象的努力仍在继续。其中包括培训政府工作人员对犯罪现场进行分析，以及使用训练有素的嗅探犬来搜寻象牙。护林员们使用智能手机来加强监测，保护生态景观，各个机构也正在与当地社区合作，阻止动物与人类发生冲突。

但是除非人们停止购买象牙制成的珠宝和装饰品，否则大象将继续面临被盗猎的风险。

SMALL ACT 11

为未来请愿 用你的养老金 为地球投资

不管在哪一天，发薪日都是个好日子。这有望让你的财务状况好起来，能付得起银行账单，也许还能存起来一部分以备不时之需。

我们当中的很多人几乎没有注意到以备不时之需的那一部分钱。如果你的养老金是直接从工资中扣除，你几乎不会觉得这是你的钱，只觉得是一些你意识不到的东西，在某个地方等你老去。

即使不是公司支付的养老金，而是你自己支付的私人养老金，你可能也不会经常想到这部分钱的问题。因为看不见的东西通常不会被放在心上。储蓄也是一样，如果你每个月都为自己、孩子或孙辈存钱的话。这些钱会被放在储蓄账户或某种投资产品中，大部分时间里都会被你遗忘，就像把钞票藏在床垫下或者把硬币扔进存钱罐里一样。

但与储存起来的纸币和硬币不同的是，你的养老金、存款或投资账户里的钱，甚至你普通银行账户里的钱并不会只是在黑暗中沉睡。它存在于全球金融体系中，是世界货币市场消长的一部分。

其中一些钱被花在了好事情上，用于投资那些认真努力承担环境责任的先进公司，包括开发清洁能源和技术，或者在地球上比别的公司留下更少的足迹。但有些钱并没有花在好的方面。

因此，不仅仅是你的消费方式会带来改变，比如选择塑料制品的替代品、购买节能电器或者选择坐火车而不是飞机。如果你有养老金或银行存款，你可以采取一些措施让这些资金发挥作用。你可以试着问自己一些简单但重要的问题：“在我看不见的地方，我的钱都用在哪里了？”

这不是一个无关紧要的问题，越来越多的人和机构开始提出这样的问题，因为它真的很重要。例如，大量资金需要投入以研发可再生能源、低碳技术和提高能源效率，以阻止全球变暖的恶劣影响。国际能源署估计，如果我们想要阻止气温相对于前工业时期上升超过 2℃，就需要在这些领域投资 75 万亿美元。

如果这么庞大的资金量不转向电力、交通、供暖和制造业等在低碳经济方面的投资，其潜在的经济后果也是巨大的。由于气温升高导致歉收而无法偿还的贷款，以及极端天气导致的洪水和其他自然灾害造成的巨额保险赔付，这些都将是会产生的代价。这不仅仅会直接导致财力上的损失，如果政府、企业疲于应付气候变化、生物多样性受损带来的一系列不良后果，就会出现经济增长放缓和回报率降低的后果。

当然，如果现在立即采取行动遏制气温上升，则可以大大降低威胁。随着可再生能源、电动汽车、低碳供暖系统等新兴市场的发展，相关产业已经开始营利。

企业需要为未来做好准备，特别是各国政府以后会为避免气

候变化带来的危机，按照《巴黎协定》兑现承诺，采取必要措施削减温室气体排放。

一些公司已经开始着手转型，比如丹麦石油天然气公司近期更名为 Orsted A/S，该名称借用了丹麦科学家汉斯·克里斯蒂安·奥斯特的名字，奥斯特于 1820 年发现了电磁。这一更名反映出该公司从“黑色”能源转向“绿色”能源的决心，将重点发展风力发电场、生物能源工厂和利用废弃物发电等领域。

然而还有些公司没有做出转型改变，对其进行投资会让资金滞留在低碳经济无法利用的相关领域。例如，如果政府立法限制温室气体排放，那么对油井、煤矿和电厂的投资将不会产生预期回报。如果我们开始主要依靠绿色能源和电动汽车，对化石燃料的需求大幅下降，情况也会变成如此。

当你坐在厨房里，拿着塑料包装或者种植自己的蔬菜时，所有这些都会看起来很遥远。但无论如何，2008 年的金融危机让许多人看到，全球金融市场是一列失控的火车，政府和监管机构都无法控制，更不用说普通人了。货币就是力量，但这个力量被市场从普通储户和资本所有者手中剥夺了。因此，如果你把钱放在投资基金或养老金里，是时候开始收回这份权利了。

养老金管理机构对其管理资金的拥有者负有责任，需要确保自己的行为符合资金拥有者的最大利益，虽然这种利益往往是通过短期回报来衡量的。因此，首先要从你的养老金管理机构那里了解你的钱投进了哪个基金，以及其是否是一个可持续的基金。如果不是，那可以转移。但如果要这么做，你应该考虑这笔钱适合投资给哪些公司。这些公司在做些什么？是否在帮助每个人建立一个可持续的未来？他们的基金投资策略是什么以及他们是如何进行投资的？

现在市场上出现了基金可持续发展评级，但有时需要对这些评级持保留态度。通常情况下，你最好自己再去详细了解一下，看看基金的内部有哪些公司被包括在内，原因是什么以及这些公司正在生产和提供哪些产品和服务。研究每支基金所投资的前十家公司会比较容易，也是一个很好的着手点。了解这些公司在气候变化和森林砍伐等问题上所做的事情会很有趣，在这个过程中，你会知道各种奇妙的事情。

判断商业公司是否在帮助建立一个可持续发展未来的方法之一，是看他们是否签署了与环境相关的商业计划，比如科学减碳倡议。这表明他们可能会采取措施，减少与其业务相关的所有温室气体排放，以便与《巴黎协定》的目标保持一致。

当然，这并不能代替考察该基金持有哪些公司的股票的方法。

找到你中意的基金是一场有趣的经历，你可以进行可持续的投资，并且从长远来看也是可以营利的。

养老基金机构正在开始认真对待气候变化等问题。专家警告称气候变化不只是理论上的长期风险或一个简单的道德决定，在未来几年内就可能成为一个重大的财务难题。包括养老基金机构的一些投资者甚至在改变政策，以避免在某些领域进行投资。他们从煤炭等污染最严重的化石燃料中撤资，不仅是因为转移对污染严重的碳能源投资是正确的选择，也是因为看到了继续投资这些能源产业的隐藏和财务风险。

其他没有撤资的机构投资者开始要求其持股的公司，比如大型石油公司，报告气候变化对其业务构成的风险。他们呼吁企业说明将如何采取行动来配合减排。

如果你有资金进行投资，并且在与大公司打交道时确实有点经验，你可以买一些大石油公司或采矿公司的股票。之后可以去参加他们的年度股东大会，在股东大会上普通股东可以有机会向企业高管询问他们认为重要的事情，比如公司在气候变化或者环境保护方面做了些什么。你也许还会得到一顿免费的午餐。

但如果你不想把钱投给这些公司，你也可以寻找一些别的基金来进行投资，这些基金的目的是在提供良好的财务回报的同时实现社会和环境效益。就像你的养老金一样，做一个详细了解是不错的主意，但没有必要为了要做正确的事情而牺牲财务回报，因为这些基金在两方面都可兼得。

对我们大多数人来说，管理钱的主要方式就是把钱存入银行，所以也要考虑一下银行把你的钱都用到哪里去了。有些银行是公开透明的，比如特里多斯银行（Triodos Bank）会在其网站上公布贷款机构的详细信息，这样就能清楚地看到你的钱用在了哪些地方。例如，为可再生能源项目提供贷款资助。还有一些银行制定了可持续政策，比如避免向化石燃料行业或军火行业借贷。

如果你不想更换银行，你可以随时询问银行的贷款政策。作为个人去询问控制着数十亿美元、英镑和欧元的跨国银行看起来似乎很困难。但这数十亿资金中的一小部分是你的份额，你完全有权利询问你的存款用在了哪里。因此，请联系银行，询问其如何保护你的资金免受搁浅资产带来的风险和气

候变化将会带来的潜在的经济损失，并了解其如何使用你的资金支持向一个更清洁、更公平和更可持续的世界过渡。

这样，你就可以使资本转为支持那些将资金投入环保领域的人以及那些希望资金被用于造福地球和子孙后代的人。这就是真正的底线：我们自己的资金和权利，现在是时候应该收回了。

从搁浅资产到科学减碳倡议

如果“搁浅资产”一词让你联想到一个装满钱的手提箱搁置在你无法到达的荒岛沙滩上，你的理解还算正确。

在气候变化的背景下，搁浅资产主要指的是对化石燃料的投资，这些投资不会带来曾经预期的经济回报。例如，某燃煤发电厂继续靠烧煤发电赚钱，置节能减排的号召于不顾，但现在你可能会发现它面临着政府政策的抵制，也意味着那些投资了这家燃煤电厂并期望获得投资回报的人将不会有预期的回报。

在 2011 年一份重要的报告中，金融智库碳追踪（Carbon Tracker）警告称，全球有大量不可再燃烧的煤炭积压。据估计，在世界突破温室气体排放上限之前，为将气温保持在危险水平以下，全球只能使用 20% 已探明的化石燃料储量，这些化石燃料为私人和上市公司拥有。这意味着对其他额外储量的投资实际上是金融领域的“碳泡沫”。

据碳追踪的报道，已经有煤矿、火力发电厂和天然气发电厂以及碳氢化合物储备因低碳转型而陷入困境的例子。

投资者开始注意到这一点，并要求企业评估气候变化给其业务带来的风险。

许多公司确实知道气候变化给其业务、客户和世界带来的风险和机遇，并正在采取措施以减少温室气体排放。他们知道气温上升将影响从大米到可可等食品的生产，转向低碳经济将有利于电动汽车制造商和清洁能源公司的发展。

超过 100 家跨国公司已经制订了科学减碳计划。该举措意味着企业承诺减排的目标将被独立评估是否符合《巴黎协定》的目标，即将全球气温升幅保持在远低于前工业化时期的 2℃的水平。

由于签署了科学减碳倡议计划，食品公司正在与农民合作以减少农业生产的排放，而电子产品制造商正在使他们的产品如笔记本电脑更加节能。

连锁超市正在转向使用可再生能源并提高设备制冷效率。生产清洁和个人护理产品的公司正致力于减少因棕榈油需求对森林造成的砍伐，并设法让消费者降低洗浴温度。一些能源公司甚至从化石燃料转向可再生能源，令人兴奋的新兴业务和商业模式正在不断涌现。

采取行动有助于企业在技术创新和支持政府制定减少温室气体排放的政策方面领先一步。这也可以增强投资者对企业的信心，并提高他们在客户中的声誉。它还可以帮助企业在资源变得更昂贵的未来赢得竞争优势，最终使公司更具韧性。

企业在遏制全球温室气体排放的行动中地位如此重要，让其发挥作用就显得至关重要。

拿回资金：撤资到底是怎么回事？

撤资并不是新鲜事，几十年来一直都存在投资者以这种方式向政府、公司或机构施压，要求改变其政策或行为。简言之，如果你不同意公司或组织的做法，就可以把资金从投资的地方拿走。最有可能的情况是你会投资另一个你认为更符合你的观点或更容易达到你预期目标的公司。

在气候变化的背景下，化石燃料有了新的命运。有人警告称，如果要避免气温上升，我们已知但尚未采掘出来的大部分化石燃料储备必须留在地下。

大学、养老基金机构、地方和地区政府、慈善组织、宗教组织，甚至银行和保险公司都已经承诺从化石燃料产业中撤资。一些承诺主要针对污染最严重的燃料，如煤炭和沥青砂，但其他机构则完全放弃投资所有的化石燃料。

撤资运动的倡导者们估计，已经有数百家体量超过 6 万亿美元的组织全部或部分地从化石燃料中撤出，同时一起撤资的还有控制着超过 50 亿美元的数万投资个体。

撤资运动参与者认为，将资金从产生全球温室气体排放的化石燃料产业中转移出去，既是财务上的精明之举，也是道义上的当务之急。化石燃料时代即将结束，随着世界转向更清洁的能源，化石燃料领域的投资将会贬值。

还有一种观点认为，养老基金等机构对其资金拥有人负有责任，需要确保资金以尽可能好的方式投资以在未来实现回报。与此同时，有些撤资的组织可能会觉得自己有义务这样做，比如教堂警告气候变化正在对上帝的所造物及其人类同胞造成损害。

尽管撤资可能不会直接改变资金流动，毕竟如果有人出售一家化石燃料公司的股票，始终会有其他人买入，但撤资能够产生其他重要的影响。

它向那些未投资清洁能源的政府和还在生产和使用化石燃料公司发出了一个强有力的信号，即投资者不希望支持那些对地球未来构成威胁的企业。撤资运动揭示了这些企业的行动逻辑，成功地削弱了石油、天然气和煤炭公司在阻止环保行动方面的游说势力。

对清洁替代能源的投资促进了从可再生能源到电动汽车的产业的发展，这些产业的发展将有助于应对气候变化的挑战。

挪威主权财富基金：从石油到气候行动？

直到 20 世纪 60 年代，挪威人才发现在他们的海域有比鱼更有价值的东西。经过 4 年的海上石油勘探，大多数公司都选择了放弃，直到 1969 年圣诞节前两天，石油被发现了。

这是当时人们发现的最大的近海油田。不

久之后，其他大油田陆续被发现并进行了开采。

税收和直接卖出石油获得的收入意味着挪威从近海发现的“黑金”中获益匪浅。在最初的20年，出口石油和天然气的获得的资金用于发展工业和整个国家。

后来政府成立了挪威石油基金，又称政府全球养老基金，第一笔资金于1996年转移到该基金账户上。该基金由挪威人民所有，并由挪威的中央银行——挪威银行管理，目的是为挪威当前和未来的几代人创造财富。

多年来，该基金用于投资挪威以外的公司、政府债券和房地产，使其价值超过了1万亿美元，是全球最大的主权财富基金，拥有超过1%的全球股票。

该基金运作透明，任何人都可以看到它投资了什么，在哪里投资并遵循一系列道德和环境准则，不会对烟草公司、核武器制造商、严重破坏环境的矿业公司以及那些不尊重劳工权利的公司进行投资。

它还积极参与投资公司的事务，举办数千

次的会议提出和讨论环境、社会和治理问题，并在数千个的年度股东大会上进行投票。

该基金目前还呼吁企业报告气候变化给其业务带来的风险。

过去几年，该基金一直在积极采取措施不断从那些 30% 及以上业务依赖煤炭或者 30% 及以上收入来自煤炭的企业中撤资。数十家公司被排除在其投资以外，理由是他们的业务涉及污染最严重的化石燃料。

挪威仍在开采石油和天然气，但建立在石油资金基础上的基金已经提议从世界其他地区的石油和天然气中撤资，以降低化石燃料资产贬值的风险。

SMALL ACT

12 别把世界弄得乱糟糟

停止乱扔垃圾，组织社区清理活动

你带着可重复使用的水杯正走在家附近的街道上。阳光明媚，你在想晚饭要吃些什么。周末计划在你脑海中展开，除了放松和享受自己没有太多的打算，或许可以花些时间和家人在一起，跟朋友见见面，也可以做些园艺。这时，你看到一个塑料瓶躺在路边的排水沟里或草坪上，这很不雅观，让你感觉你的社区不整洁，没人在意环境卫生，去拾起那个塑料瓶还会让你觉得你是唯一一个试图解决塑料污染问题的人。

又或者你决定周末去海滩玩，蓝天下有一片银白色的沙滩，地平线上飘浮着几朵白云，空气中有盐和海藻的味道，你把脚伸进了沙子里。但当你看向海岸线时，发现到处都是垃圾和食物的碎屑残渣。当你从公路或悬崖小径上走下来，享受着海滩的气味和声音时，所有美妙的感觉都被那些人类制造的垃圾给破坏了。你会情不自禁地想起你知道的关于海洋的传说，相比起因为海洋的浩瀚而感到的谦卑，你更多的是对海洋目前所处的状态而感到的愤怒。

现在你可能会捡起这个被丢弃的塑料瓶，带着它沿着街道或海滩寻找垃圾桶扔掉。又或者你不会这么做，因为坦白地说，你不知道它之前经历过什么，甚至有一点脏或者臭。即使你捡起了一堆垃圾，你也只会看到几米外更多的瓶瓶罐罐、烟头或者正在分解的塑料袋。一个接着一个，任务量如此之大，一个人根本无法完全解决。

说到保护环境，你很容易觉得即使自己尽了一份力，你的行动看起来也不会那么重要并且毫无希望。这些都足以让你彻底放弃。或者到最后你会认为你已经完成了自己应尽的责任，为什么还要做其他帮助别人的事情呢。

但如果有一群跟你一样的人，把自己武装起来或带上遮阳帽和手套，拿着袋子把垃圾都装进去呢？你们可以沿着海滩或者穿过一片绿地和村落，捡起那些碍眼的垃圾，边走边聊天，和昨天都还不认识的人进行一场真正的对话。这种情况是否听起来还不错？

或许你也可以带上你的朋友和家人加入队伍，一边收集你们一路上发现的所有垃圾，一边欣赏风景。沿着海岸线在海滩上收集垃圾可以成为全国性调查的一部分，这样可以得到一个基本的概念并了解到污染问题是否正在恶化，从棉签到湿巾和塑料叉子都有哪些东西被冲上了沙滩。这些信息是由一群周末聚在一起捡垃圾的普通人收集的，之后却可以用来向政府和产业界施压，要求其在一次性塑料等问题上采取更多环保行动。

这种信息收集的方式被称为“公民科学”（citizen science），是一种让你的行动能够提升对周围世界的认知的有力方式，它还能促使政府和企业采取行动，迫使他们对拥有知识的公民和组织作出回应。仅凭慈善机构、环境组织或学术机构中少量的工作人员需要数年的时间才能收集到这些信息，如果我们想在为时已晚之前改变现状，那么时间真的不多了。

以水资源举例。你可以采取行动减少水的使用，并与你的供水公司接触，了解他们正在采取什么行动来保护水源和环境。你也可以参加“生物多样性闯关普查”活动，与科学家和志愿者们组队，短时间内在特定的区域或栖息地搜寻能够找到的所有物种，如河边的植物、鸟类以及令人毛骨悚然的爬行动物等。实际上你是在记录地球上某一时刻一小块土地上的生物多样性。“生物多样性闯关普查”活动可以为科学家们提供一幅快照，使其了解某个地方的生命是否繁盛。如果你曾在河流、小溪或湿

地中进行过这样的调查，那么这些信息就可以用于要求相关企业、组织采取行动来改善那些由于外来物种入侵或水资源被大量取用而苦苦挣扎的栖息地。或者还可以帮助确定哪些地区丰富的动植物需要更多的保护。

现在有大量的公民科学项目，从记录蝴蝶到拍摄山顶雾霾。通常情况下，你可以帮助记录在乡间散步时看到的信息，甚至是在你后花园发生的那些事情。在澳大利亚，人们被鼓励记录下神出鬼没的鸭嘴兽的踪迹。

与此同时，在英国，人们可以贡献出自己对季节变化的见闻，从橡树的萌芽到蝴蝶的首次出现。这些观察结果构成了可以追溯到 18 世纪早期的一系列记录。目前政府的想法是构建四季如何随着温度升高而变化的图景，这些信息正在被用于有关气候变化对野生动物影响的科学研究中。在印度，类似的计划已经建立起来，该计划鼓励大人和小孩，选择一棵树，每周进行观察，记录什么时候开花结果以及这其中的变化是怎样的。还有一些计划要求提交相关事物的照片以备监测，包括苏格兰海岸的海雀育雏，阿巴拉契亚山脉的空气影像。

你甚至可以在自己家里用笔记本电脑帮忙分析无人机或其他自动化系统记录的大量数据。这些数据可能用来计算和上传从南极洲拍摄的照片中的企鹅的数量，或者是识别沿着海岸线拍摄的照片中的塑料垃圾。

但大多数公民科学项目会使我们更亲近自然，让我们有机会为更大的事业作出贡献。我们这些简单的行为可以产生很大的影响。

这向政府管理者们传递了一个信息，即人民十分在意环境。他们已经有了现成积累的知识，因此可以把事情变得更好。

我们通过行为或购买的物品来传递信息。例如，如果很多人都带着水壶，那么公共场所对饮水机的需求就会增加。如果更多的人选择可持续发展的棉花制成的衣服，那么服装公司将不得不为其服装品牌寻找更环保的原材料。

当然，我们传递的信息可以更直接。我们已经看到了如何通过直接与公司联系来实现改变，对于选举出来的官员来说也是如此。

无论是你们当地的市长还是首相，他们都代表着你的个人意愿，他们都想要你的选票。所以，如果你想要当地有更好的自行车基础设施，想办法要求当地的议员和你见面讨论。如果你想要更强有力的政策或法律来推动清洁能源快速发展，请迅速地联系在全国范围内代表你的人，比如你的议员。写信给他们，去参加公众活动或支持选举和有问答环节的竞选活动，或安排一次会议向他们询问你关心的事情。这些人将建设你孩子成长的国家，他们将与其他海外领导人一起达成环境协议。要成为一个负责任的全球公民，在投票站让他们承担责任也很重要，所以一定要投出自己的一票，不要让其他人来控场。

你也可以加入保护生物多样性或栖息地的行动，或者一些长期致力于气候变化等问题的活动团体，也可以参加游行，签署请愿书，寄明信片，参加线上活动等。如果你和其他人一起游行，你会亲自了解到有多少人和你一样，渴望做出改变并决心实现改变。如果你签署了一封请愿书或参与了一项倡导活动，你可以跟踪它的进展和取得的成果。有

时候，成果会来得很快，这样的成功可以促生更大的热情，让我们可以面对更困难和棘手的挑战。通过所有这些直接或间接方式，你们就可以为政府、公司创造采取行动所需要的空间，督促他们去实现变革。

更重要的是，你们正在帮忙推动一场革命，一场确保地球和地球上所有生物拥有可持续未来所必需的革命。这可不是一件小事情，对吗？

世界最大净滩行动

世界各地的人们都有加入当地社区的海滩清理活动，试图让沙滩摆脱垃圾困扰的经历。但也许没有哪一个净滩活动能比清理孟买的维索瓦沙滩所付出的努力更大，因为那里堆积了4000多吨的塑料、玻璃和其他垃圾。

印度律师阿夫罗兹·沙阿（Afroz Shah）被授予联合国最高环境奖——地球卫士奖，因为他激励了数百名志愿者和他一起清理了2.5千米长的海滩上的塑料袋、水泥袋、玻璃瓶、衣服和鞋子。沙阿和一位上了年纪的邻居最先开始进行净滩运动，当时海滩上的垃圾足足没过膝盖，他们用自己的双手把垃圾捡拾起来。沙阿在当地四处宣传海洋垃圾造成的破坏，鼓励其他人也一起参与进来。

于是净滩行动变成了一项每个周末都有1500人参与的社区行动，从小学生到宝莱坞明星，每个人都行动起来，直到沙滩被清理干净。

沙阿说，人类需要重新连接与海洋的纽带。

他希望激励世界各地沿海社区的人们一起采取行动减少海洋污染。

在维尔索瓦，这种令人惊叹的努力得到了真正的回报：到 2018 年，海滩已经清理干净，使得 80 只刚孵化的丽龟爬向大海，志愿者派出专人看守，确保它们安全进入海洋。

其他国家也开始处理自己海岸上的此类问题，比如印度尼西亚的巴厘岛，当地官员安排了卡车和清洁工来清除海滩上泛滥的海洋垃圾。

除政府响应外，2018 年，一个由当地居民、组织和企业组成的联盟以“巴厘岛，一座岛一个声音”的口号组织了第二届年度净滩活动。他们呼吁政府、当地居民、学校和游客一同参与，设法激励了共 20 000 人参与到巴厘岛周边 120 项的清理行动中。此次活动总共收集了 60 吨垃圾，包括吸管、塑料瓶、塑料袋、鞋子、玻璃、烟头和渔具等。

现在“拾荒慢跑”正在成为一种健身潮流，人们出去跑步的时候会随手捡起垃圾。它始于瑞典，现在已经走向全球，这在一定程度上要归功于社交媒体。

当然，光从海滩或乡村捡回垃圾是不够的，考虑到海洋塑料污染等问题的严重程度，即使是由团队或数百人参与都不足以解决问题。但这些行动至关重要，因为这提高了人们对当前形势的认识，并激励人们采取行动，从根本上去解决问题的同时也清理掉了一些乱糟糟的东西。

如何让学校变得花团锦簇

走出门做一些园艺工作，可以帮助孩子们思考身处的整个自然世界系统以及各个子系统之间是如何连接和相互作用的。例如，如果没有蜜蜂和其他传粉物种，食物生产*这类重要

* 世界自然基金会的“盘中植物”行动（Plant2Plate）关注如何以一种对地球无害的可持续方式生产和消费食物。项目提供整合资源和各类活动，针对不同学生有第一阶段和第二阶段的两种课程，可以从 www.wwf.org.uk/get-involved/schools/school-campaigns/plant2plate 下载。

的事情将受到何种影响？园艺还可以帮助孩子以亲身体验的方式了解自然以及体会到为野生动物栽种植物如何帮助到我们的“小野兽”、蝴蝶和鸟类的繁衍生息。

自己种植食物也可以激励年轻人思考食物从何而来，以及以可持续的方式生产和消费食物需要做些什么。一些比较实用的方法可以为学校种植最好的季节性水果和蔬菜，这样他们就可以在暑假前获得好收成。一旦种出了食物，孩子们就可以去厨房戴上厨师帽，用这些食材做饭。这样做也可以促进健康，在越来越多儿童肥胖或超重的当下非常重要。置身于花园还能呼吸新鲜空气以及增强体质。

校园园艺课可以融入各种课程的不同部分，比如设计与技术、科学、数学或艺术，让孩子们设计出自己的花园和菜圃，研究植物如何生长，并为创意写作课创造灵感。

园艺课不仅仅关注学生们从专业的植物学术语中学到了什么，还关注种植这件事能够教给孩子们什么，包括那些不需要在传统课堂环境中才能茁壮成长的年轻人。学校的相关研究和证据表明，种植会赋予孩子们一种责任感，并帮助团队成员学会合作和沟通，因为他们需要齐心协力把一小块土地变成一片丰盛的菜地或野生动物花园。

学校的教学水平会提高，同时提高的还有孩子们的出勤率、自尊和自信心。这样，孩子们也会跟着花园里的花朵一起绽放开来。

不仅仅是学生。学校还可以经常向父母、祖父母、志愿者和园艺俱乐部寻求帮助以维持花园的成长，同时当地的企业也可以提供支持。孩子们经常被鼓励出售他们的产品并培养理财意识，人们也可以吃上新鲜的当地食物。学校的花园还可以加强跨代和不同种族背景的社区之间的交流，人们在地里播种，最终会形成一个团结有力的社区。

图书在版编目（CIP）数据

改变世界，从12件小事做起 / 世界自然基金会编著；李梦姣译. -- 重庆：重庆大学出版社, 2022.7

书名原文: 12 Small Acts to Save Our World

ISBN 978-7-5689-3279-0

Ⅰ.①改… Ⅱ.①世… ②李… Ⅲ.①环境保护—普及读物 Ⅳ.①X-49

中国版本图书馆CIP数据核字(2022)第079191号

改变世界，从12件小事做起
GAIBIAN SHIJIE, CONG 12 JIAN XIAOSHI ZUOQI

世界自然基金会　编著
李梦姣　译

责任编辑　王思楠
责任校对　夏　宇
责任印制　张　策
内文制作　常　亭

重庆大学出版社出版发行
出版人　饶帮华
社址　（401331）重庆市沙坪坝区大学城西路 21 号
网址　http://www.cqup.com.cn
印刷　重庆俊蒲印务有限公司

开本：787mm×1092mm　1/32　印张：7.25　字数：108千
2022年7月第1版　2022年7月第1次印刷
ISBN 978-7-5689-3279-0　　定价：48.00元

Text by Emily Beaumont

First published as 12 Small Acts to Save Our World by Century,

an imprint of Cornerstone.

Cornerstone is part of the Penguin Random House group of companies.

版贸核渝字（2019）第 04 号